馥林文化

Make:
Making
Makers:
讓孩子從小愛上動手做
Kids, Tools, and the Future of Innovation

安瑪莉・湯瑪斯　AnnMarie Thomas　著

潘榮美　譯

目錄

前言

　　自造者嘉年華（Maker Faire）的目的就是要「打造更多的自造者（maker）」。從2006年開始，我們廣發英雄帖，號召各路自造者為「自己動手做」的成果歡慶一番。2013一整年，世界各地總共舉辦了約一百個自造者嘉年華，有更多人攜家帶眷來參加。我們從一開始就已預見，與其他自造者分享的過程，會讓人產生人自己也想要「動手做做看」的念頭。我們邀請每一個人都用自身的興趣和特長來創造、分享專題。雖然我原本就知道大人會對自造者嘉年華有興趣，但沒想到小朋友們也被五花八門的專題吸引；他們想要參與，也想要更進一步成為一個自造者。有時候，他們的熱情甚至連家長也會感到驚訝呢！

　　在自造者嘉年華上，家長會注意到他們的孩子喜歡嘗試厚紙板，也喜歡嘗試木材，喜歡學習使用工具，還喜歡到處修修補補。我懷疑許多這樣的實際操作早已停滯不前，幾個世代以來人們視為理所當然又有益無害的事情，卻早已被丟失、被遺忘，或早已麻木。課堂上已罕有親手嘗試的學習過程，學校之外或遊樂場上也不見孩子有自由發揮的玩樂空間。孩子要如何在沒有大人幫助的情況下成為自造者，沒人知道。幸運的是，有些家長已開始發現動手自造不但是親子共同的歡樂時光，也是非常實際的學習方式。

　　在舊金山2014年灣區（Bay Area）的自造者嘉年華上，我和麥克・尼登（Mike Neden）聊到關於自造和兒童教育的話題，這段對話後來一直在我心頭縈繞不去。麥克是堪薩斯州（Kansas）匹茲堡州立大學（Pittsburg State University）科技與工程教育的教授，當時，他在嘉年華會場上晃到Rokenbok（一種兒童用的立體建築玩具組）的攤位。麥克發現，在家長和孩子探索玩具組，開始打造自己的建築時，

家長也會問一些關於孩子該如何學習的問題；更精確地說，是如何成為一個工程師或科學家。問這種問題的父母，有許多人本身就從事相關行業，或在矽谷工作。麥克跟我說，他覺得這些父母連自己怎麼成為工程師或科學家都不知道，也不清楚怎麼讓孩子克紹箕裘。他們明白自己所學的技術，還有思考方式，有何等價值，也希望將這些傳授給他們的孩子。我自己也曾經和家長們談過，特別是像茱莉·胡迪（Julie Hudy）這樣的「自造者家長」（Maker Mom）。他們發現孩子有意願也有能力動手做，不過這些父母並非自造者出身，孩子的興趣和經驗與他們自己截然不同，因此想要了解如何協助孩子。

我很驕傲能出版這本安瑪莉·湯瑪斯（AnnMarie Thomas）的著作。這本書教導父母如何鼓勵孩子接觸自造者領域，卻與一般的工具書和勵志書不同。本書提供了許多充滿智慧的觀點，啟發我們思考何為「自造者思維」（maker mindset）。自造者思維是一種了解外在世界、使用「工具」的方法，無論是實際的工具或是思考的方式。這種思維能讓世界變得更好。湯瑪斯博士以一位自造者、教師與母親的身分，教導我們從自造者身上學習，讓我們也能培養出他們身上寶貴的特質。很明顯，動手做最為人稱道之處不只是成品，而是過程中使人們培養出的心靈特質。

動手做不僅僅是動手做專題，更重要的是，一切都從「動手做」開始。坊間有眾多教你和孩子學習電子、木工、焊接或縫紉的書籍，讓家長可以帶著孩子學習實用的技巧，或發展自己的創意。但是孩子們用手做出來的東西，遠不及發生在他們腦袋瓜裡的東西重要。兒童教育的先鋒思想家皮亞傑（Jean Piaget）在他的著作《發明為學習之母》（To Understand is to Invent）提到：「讓經驗的心靈茁壯。（cultivating the experimental mind）。」這是一種主動式的教育，一種「帶領孩子自己建立從內而外轉化的方法」。雖然我們能給孩子機會接觸工具，給孩子時間打造需要創意和技術的專題，但是，家長身為自造者，最重要的任務是幫助孩子成長為充滿創意的終身學習者。大人們必須在孩子的體驗過程中協助他們，並且在社區裡設立更多的自造者空間（maker space），讓所有孩子都能參與。

「Making Makers（打造自造者）」是我們的責任，這並非遙不可及，但是，我們必須要通力合作才行。畢竟，打造自造者，就是打造我們的未來。

——戴爾·多爾蒂（Dale Dougherty）
Maker Media 創辦人與執行長

序

如果從未「動手做」，何來「設計」之談？[1]
——威廉·吉爾福德（維吉尼亞大學工程學教授）

2011年秋天，我在改學生的作業覺得有些累了，剛好被工程學教育雜誌上的這句引言吸引了目光。經過六年的大學部工程設計教學經驗後，我很能體會吉爾福德博士的感受。在我的課堂上，我發現真正能設計出革新作品的學生，多半都能結合精力充沛的理論分析（這也是一般工程設計專題的重點），以及機器運作的實際知識。要學會後者，不外乎拆拆組組，看看什麼裝置在別地方也能用、什麼不能用。我確定所有工程學系的大一生都修過數學，但不確定他們是否有花時間去拆東西、做東西。身為一個從小到大著迷於做東西的人（材料可以是木頭、織品、沙子……什麼都可以），實在很難想像這麼多年輕人都缺少親手做東西的經驗，尤其是那些要進入創造相關領域的人。

我之前參加紐約皇后區的世界自造者嘉年華（World Maker Faire）那一週，也讀了吉爾福德的文章。這場盛會集合了機器人到服裝的創作者。我體內那個工程學教授的本能注意到很多不得了的高科技作品，但是最引人注目的，卻是那些對創造物品和分享知識充滿熱情的人們。這些與會者無論老小，興奮之情都溢於言表，感染了整個會場。在大會裡，大人小孩都有機會學到像焊接這種技巧，也會聽到人們精力充沛地討論各種3D列印機的複雜細節，自造者們無論老小都大秀自己的發明，這種充滿好奇的氣氛遍布全場。我很盼望自己的學生、自己的兒女，都能擁有這份好奇心，以及與人合作的概念。

我當然不是唯一有這種想法的人。很多人都希望鼓勵孩子主動創

1　Mary Lord, "Seeing and Doing," ASEE Prism, September 2011.

造屬於自己的小宇宙。現在世界各地的自造者空間（maker space）如雨後春筍般冒出。這是個聚集眾人一起使用工具、製作專題的場所，在圖書館、學校、社區中心和家中，都能見到它的蹤跡。而像「Instructables」和「Make: Projects」這樣的專題教學分享平臺，則讓使用者能自由查看各種手做專題的步驟，從好玩酷炫的電子機器到家具，甚至番茄湯的作法，無所不包。自造者運動（Maker Movement）以及這個運動的主角，也就是那些自覺身為自造者的人，都很推崇終身學習、自主學習、溝通、合作、創意與設計等特質和行為，這些也是教育者長久以來嘗試要發揚的。在STEM（科學、科技、工程、數學四個英文字的首字母）於幼稚園到高中的12年教育[2]剛開始受到重視的時候，自造者運動（Maker Movement）也在蓬勃發展，恰好有機會提供科普教育，重新讓各個年齡層的人們認識動手做的美妙。我在那場世界自造者嘉年華以及其他自造者嘉年華中看到的孩子們，都懂得問真正重要的問題，都在做真正的專題，而且動機純正：因為好奇，而且好玩！他們並非因為這是作業才參加嘉年華，也不是因為考試才學焊接。老實說，他們大部分根本搞不懂為什麼焊接很實用，只知道去「來學焊接吧！」的攤位學了之後，就可以得到酷炫的亮晶晶徽章。但是他們帶回家的不只是一個徽章，而是關於焊接（或縫紉、木工、烹飪、陀螺等等⋯⋯）是什麼的親身體驗，而且他們可以動手做出來！

這就讓我回想到吉爾福德博士的問題：「如果從未『動手做』，何來『設計』之談？」而我想補充這句話：「如果從未『拆解』，何來『動手做』之說？」如果你從來沒有機會把玩那些實體或數位的小玩意，何來的能力想出有趣的點子和答案呢？要把東西拆得七零八落，然後憑空想出新的組合方法，需要具備玩心和好奇心的人才做得到。這件事大多數的自造者都做得到，但除此之外，幾乎我遇到的每個小孩亦如此。只要你有跟一屋子的小孩待過，裡面擺滿工藝用品和建造材料，一定見過他們無比快樂，通常也無比投入的樣子。初生之犢的

<hr>

2　PK-12，美國、澳洲及加拿大教育體制中，從幼稚園至高中的免費教育時期。

創意加上現成的材料，就會產生一陣動手做的魔法。

　　要說服孩子開始做東西，完全不需要費勁，也不需要想一堆花招來引誘他們。然而，一旦孩子們開始長大，有些事情就會轉變。他們會開始問些諸如：「為什麼要做這個？」「我這樣做對嗎？」的問題。我之前帶領各種年齡層的人做「黏呼呼電路板（Squishy Circuits）」（用導電的和絕緣的黏土雕塑電路的一種方法）；在介紹給小孩時，幾乎沒有一個會拒絕嘗試，可是換成大人時，就常常被拒絕，或是收到「我不擅長這類事情啦」等等推託之辭。

　　許多談論「創新」、「創意」和「設計」等等議題的作者，都不約而同地談到「面對挑戰，要充滿孩童般的熱情」。 以天馬行空的奇幻文學及科幻小說著作聞名的娥蘇拉・勒瑰恩 （Ursula Le Guin），曾經如此評語：「充滿擁有創意的成人，都懷著一份赤子之心 。」我和許多人談過話，毫不意外地，其中許多都抱持類似的想法。當我問到自造者的定義時，身兼自造者與教育者的亞門・米爾納（Amon Millner）（我將在第五章介紹）回答：「每個人都是自造者。然而在成長過程中這很自然，等到變成大人後都還能保持自造者精神的人，卻是少見的例子……每個孩子都是自造者，只是有些孩子堅持了更久。」那麼，也許這本書不該討論如何「打造」自造者，而該討論如何鼓勵孩子持續當一個自造者，直到長大也持續不輟。

　　我們要如何賦予孩子成為自造者，並且持續當一個自造者的能力呢？我想我們可以說，這部份我們做得不是很好，特別是在美國。一份在2009年由紡織從業者與製造商協會基金會（Nuts, Bolts & Thingamajigs）調查的問卷，採訪了美國十到二十歲的年輕人，發現其中83%的受訪者，每周內親手做木工或模型等專題的時間不到兩小時，27%則完全沒有從事類似的行為[3]。巧妙的是，同年有另一份由凱澤家族基金會（Kaiser Family Foundation）調查的研究顯示，8到18歲的年輕人平均每周花50個小時在娛樂媒體（entertainment media）

3　The Foundation of the Fabricators & Manufacturers Association, International, "Teens Turns Thumbs Down on Manufacturing Careers" November 16, 2009.

上[4]。當然你也能從娛樂媒體中學到很多東西，但似乎在電玩裡找到烹飪遊戲，比找到還在教烹飪課的國高中學校容易多了。我們是否有給孩子機會創造「真正」的東西，而不只是讓他們接收外來的事物？就如麻省理工媒體實驗室（Media Lab）的「終生幼兒園」團隊（Lifelong Kindergarten）執行長米奇·瑞斯尼克（Mitch Resnick）所言：「如果我們把電腦當成電視一樣的機器，而不是畫筆一樣的工具，就無法使它們發揮最大潛能。在我們麻省理工媒體實驗室的研究團隊裡，我們期許要延續畫筆、積木、彩色串珠的傳統，研發嶄新科技，為孩子們能創造、設計、學習的事物增添更多可能性[5]。」

很久很久以前，太空船的概念還停留在電影、書本和孩子們的夢想裡，但其中一些孩子用他們的青春歲月投入玩具車與動手做，而同一群人在長大後，就使那些駕駛太空船，甚至是無人太空船的夢想不再是幻想。我相信，提供孩子們所需的工具和技巧，賦予他們實現夢想的能力是無比重要的。自造者運動就是一盞明燈，指引我們往這個目標邁進。

Safari® 電子書

Safari Books Online 是一座可提供即時服務的數位圖書館，內含數千本各大知識領域的專業書籍和影片，全由世界頂尖的作者所撰寫。

許多教授、軟體開發師、網頁設計師、商業分析師等一流人才都使用Safari Books Online學習新知、蒐集資料、解決問題和教育訓練。

Safari Books Online訂戶依組織協會、政府單位和個人身分不同，提供多種方案和價格選擇，只要成為訂戶，就可以搜尋和閱讀線上圖書館所有的頁面與影片，甚至在最新的文章還沒出版以前取得第

4　Victoria J. Rideout, Ulla G. Foehr, and Donald F. Roberts. "Generation M2: Media in the Lives of 8- to 18-year-olds" （Henry J. Kaiser Family Foundation, 2010）.

5　Mitchel Resnick. "Computer as Paintbrushes: Technology, Play, and the Creative Society," In Play=Learning: How Play Motivates and Enhances Children's Cognitive and Social -Emotional Growth, ed. D. Singer, R. Golikoff, and K. Hirsh-Pasek （Oxford University Press, 2006）, （2006）: 192-208.

一手的消息。和Safari Books Online合作的出版商包括O'Reilly Media、Prentice Hall Professional、Addison-Wesley Professional、Microsoft Press、Sams、Que、Peachpit Press、Focal Press、Cisco Press、John Wiley & Sons、Syngress、Morgan Kaufmann、IBM Redbooks、Packt、Adobe Press、FT Press、Apress、Manning、New Riders、McGraw-Hill、Jones & Bartlett、Course Technology等,更多訊息請上Safari Books Online網站。

聯絡我們

如果有任何建議或疑問,請聯絡Make出版社:

Maker Media, Inc.

1005 Gravenstein Highway North Sebastopol, CA 95472

800-998-9938 (美加地區)

707-829-0515 (國際或區域電話)

707-829-0104 (傳真電話)

Make:將一群「開天闢地」人們聚集起來;我們試著提供資訊,讓這個群體彼此激盪出靈感的火花,更重要的是在「自己動手做」的過程中玩得開心,不管在自家後院、地下室還是車庫都可以玩出許多花樣,對吧!「Make」的中心思想就是「改造」,把任何科技產品拿來敲敲打打、拆拆裝裝,變成你想要的樣子!我們深信這股潮流會改變你我,讓環境更好,讓教育更好,讓世界更趨於美善,在這條道路上,越來越多人加入我們的行列了!這是一條嶄新的道路,沒有傳道者、也沒有信眾,我們在催生一場全民運動,也就是「自造者運動」!.

第一章 自造者

　　什麼是「自造者」（maker）呢？簡單地說，自造者就是「自己動手做東西」的人。有些自造者喜歡做機器人、有些自造者喜歡烹飪、有些自造者喜歡設計工具、有些自造者則喜歡造房子，成為「自造者」不需要通過考試，也不是什麼學位的頭銜，「自造者」是一種身分認同，而且，「自造者」自古存在，不是最近才產生的概念。

　　一直以來，人類都是「自造者」。人類為了繁衍生存，憑藉的就是創造及尋找食物與庇護的能力，值得一提的是，其他物種也是如此，人類並沒有什麼特別之處。比方說，鳥類會製作構造細緻的巢供自己棲身；河狸會修築水壩；蜘蛛則會製作陷阱來捕捉獵物；人類也是如此，為了滿足生物本能的需求而「動手做」。不過，人類和其他物種還是有所不同，現今的社會已經發展到個人不需要會動手做」任何東西（不管是食物、衣服還是房舍）也可以存活了。前言中提到青少年動手做的調查，Nuts, Bolts & Thingamajigs[6]在2009年也調查了1,000名美國成年人，結果發現其中58%的人「自己動手做」過玩具，60%的人承認如果家裡東西壞了，會逃避修理的工作。

　　2009年，美國總統歐巴馬（Barack Obama）甚至在就職演說上提到美國的「自造者精神」：

> 「自美國開國以來，我們從來不抄捷徑，堅持精益求精、止於至善，我們從不追求虛名、不好逸惡勞、也不會因為路途上荊棘遍布而卻步。沒錯，我們總是勇於承擔、劍及履及，親手打造自己的家園，其中，有些人的成就廣為人知，卻有更多男男女女為了這個國家默默耕耘，我要

6　紡織從業者與製造商協會（Nuts, Bolts & Thingamajigs）調查顯示，美國人不再為興趣或物件修繕「捲起衣袖」，2009年11月16日。

強調的是，正是這些無名勇士的默默耕耘、篳路藍縷，將
國家帶往昌盛與自由的坦途。」

這不就是「自造者」精神嗎？我聽了非常感動。在歐巴馬總統的就職演說當中，他並不是推崇偉大的成就本身，反而在歌頌這些成就背後的苦工，許多「自造者」在充滿荊棘的路上開天闢地、默默耕耘。這篇就職演說自然是打動人心，顯示「自造者精神」的可貴，但與此同時，我也不禁自問，今天的美國公民是否逐漸遺忘「自造者」的知識與精神？我們又應該拿什麼來教我們的孩子呢？

如果人類一直以來都是「自造者」，那在此時此刻的今天，為什麼「自造者運動」會如此引人注目呢？故事的起源來自一本雜誌，在2005年，歐萊禮（O'Reilly Media）（http://bit.ly/orm-make）出版了《Make:》雜誌創刊號：「想要『動手做』是人類根深蒂固而無法遏止的渴望，不管在世界的哪一個角落，人類都會抓起身邊可用的工具和材料開始敲敲打打，上一輩的自造者用的或許是鋸子或槽肩刨[7]，到了今天，許多自造者手邊放的則是焊鐵和5類雙絞線[8]之類的玩意。歐萊禮（O'Reilly Media）出品的《Make:》雜誌（http://makezine.com/）正是為了『動手玩科技、做專題』的自造者們而創辦。」。自從創立以來，《Make:》雜誌致力於介紹打造各類專題的「自造者」，目的就是宣揚「自己動手做」的樂趣，其中，「動手做專題」的創作過程備受關注，重要性不亞於成品本身。

《Make:》雜誌創立時，我還是機械工程博士班的學生，那個時候，我發現我最喜歡的事情莫過於教學，還有設計、創作、捲起衣袖來四處敲敲打打。恰巧就在雜誌創辦的那一週，我和提姆·歐萊禮（Tim O'Reilly）參加了同一場研討會，他在研討會現場留下幾份《Make:》雜誌創刊號，並以優惠的價格歡迎與會者訂閱。也就在那一天，我執教的大學問我願不願意加開一門機器人學課程，下飛機回家之後，我一邊翻閱《Make:》雜誌，一邊思索著課程編排，希望可

7　bullnose plane，又名shoulder plane，將木材邊緣裁出直角凹洞的木工工具。

8　Cat 5 cable，高速度、低噪訊比的訊號傳輸線，可用於乙太網路連接。

以開設一門兼具藝術家與工程師的機器人學課程。

　　過了一陣子，《Make:》雜誌第二期就來了，我翻到老鼠機器人專題（Mousey the Junkbot）[9]時簡直興奮極了，於是，我把這個專題拿去設計藝術中心學院（Art Center College of Design）教了好幾個學期，以及軍械藝術中心（Armory Center for the Arts）的機器人學課程，帶領另一群7到13歲左右的學生。這些專題只要有心，加上一些基本的材料就可以做了。在製作老鼠機器人專題的過程當中，我看著孩子們拿起顏料來彩繪機器人、設計屬於自己的外殼，並開心地向身邊的人炫耀自己的成果，我這才慢慢發現，原來這就是「自己動手做」（Making）的魔力啊！

　　我教過許多課、也帶過許多工作坊，我發現比起專題的成品（機器人、衣服），自造者更享受在「動手做」的過程。他們齊聚一堂，互相幫忙，並向彼此分享自己的成果，對許多自造者而言，「動手做」是他們的興趣，不是他們的工作，但是，他們會花上許多夜晚與週末，教導男男女女老老少少的自造者製作新科技專題，或者，他們會在網路論壇上發表自己的專題製作方式與成品等等。通常，這些論壇聚焦於特定主題，需要用到某種特定的技術或科技，現在，除了《Make:》雜誌之外，網路上也找得到許多相關網站，我們可以在這一頁看到「蒸汽火車迷」在自家後院打造蒸汽火車頭，隔了幾頁之後，就看可以看到另外一個裝置藝術專題，用「500個半身高、半彈性的光纖材質網」製成[10]，只要是「製作東西的人」，就囊括在《Make:》雜誌的領域，無怪乎這本雜誌無奇不有，可以看到各種各樣的專題和人物介紹。

　　隨著《Make:》雜誌的讀者人數增長，自造者在閱讀之餘，也開始希望有一個實體的聚會場所，互相交流，自造者嘉年華於焉誕生。回憶起這件事，《Make:》雜誌創辦人戴爾・多爾蒂（Dale Dougherty）（http://bit.ly/nyt-dd/）說：「自造者嘉年華是為了雜誌中各式各樣的好點子而辦的，我們發現雜誌中出現許多有趣的人，如果能讓大家

9　Gareth Branwyn,（Mousey the Junkbot）Make: Vol. 02, May 2005

10　Arwen O'Reilly, "White Light/White Heat," Make: Vol. 01, January 2005

齊聚一堂，那一定會非常有趣！雖然大家的專長不盡相同，但是，自造者有共通的精神啊！」第一屆自造者嘉年華在美國加州聖馬刁市（San Mateo）舉行，吸引了超過300位專題「自造者」與22,000人來參觀。這場盛會為期兩天，展場上聚集了五花八門的專題，就是這些「自造者」吸引成千上萬的讀者加入《Make:》雜誌的大家庭。民眾可以四處亂逛，親自和專題「自造者」互動。第一場自造者嘉年華有好的開始，後來，我們看到自造者嘉年華在世界各地百花齊放，一同慶賀「自己動手做」的工匠精神，到了2013年，美國舊金山灣區（Bay Area）的自造者嘉年華吸引了十二萬人參加，世界各地累計舉辦了100場次的自造者嘉年華。

自造者嘉年華的規模愈來愈大，但是，更讓人印象深刻的是來參與展覽的人。許多家庭扶老攜幼一起來看展覽，作家艾咪・奧莉理（Amy O'Leary）逛完紐約皇后區（Queens）的世界自造者嘉年華之後，甚至在紐約時報（New York Times）寫了文章：「自造者嘉年華是給小孩看的嗎？」（http://bit.ly/nyt-kids），原因是孩子們在自造者嘉年華當中似乎玩得很盡興，他們不但會去逛攤位，也會發表自己的專題。在這篇文章當中，作者提到有些民眾會認為這是「小孩子的玩意」，不大入流，我倒覺得不如說愈來愈多家長覺得這樣的活動對孩子有益。在艾咪的這篇文章下面，許多人也回應了他們參加博覽會的故事和影片，他們都覺得孩子在博覽會成果豐碩。

2012年的時候，我帶著當時四歲大的女兒去參加自造者嘉年華，那時她妹妹才出生十個禮拜，也躬逢其盛，不過，我猜妹妹大概什麼都不記得。倒是我和丈夫學到一件事，就是嬰兒似乎不太喜歡噴射引擎驅動旋轉木馬（jet-engine-powered carousels）的聲音。帶著女兒去逛自造者嘉年華除了看專題之外，我更希望她可以去看看那些專題背後的「自造者」。多年之後，不知道她會不會記得自己曾和十一歲的「自造者」聊過天，這位哥哥或姐姐自己做了專題，還拍成教學影片，或者，另一位叔叔費盡心思用牙籤做出某些地標。我希望有一天，我女兒也對自己的成果充滿熱情，並且願意向下一位充滿好奇的弟弟妹妹分享她的成果。

本書中的「自造者」

　　本書出現的「自造者」都比《Make:》雜誌還要老，在他們小時候，報章雜誌上也不會一直出現「自造者」這個詞，當然，他們小時候也沒有自造者嘉年華可以參加，中學的時候也還沒有《Make:》雜誌可以看。那麼，他們是怎麼開始「自造者之路」的呢？他們的孩提時代又有什麼故事？這一切都讓我非常好奇，於是，我決定和「自造者」們聊聊他們小時候的故事。過去這幾年，我親自拜訪了許多「自造者」，我發現他們就算再忙，也願意撥出時間跟我分享他們的家庭、學校、人生路上的老師、小時候做的專題，還有許許多多讓他們童年精采萬分的故事。有些人在地下室的工具間玩耍，有些人喜歡打棒球，有些人很喜歡學校，不過也有人覺得學校無聊死了，許多「自造者」已經為人父母，他們都認為「動手做」的精神非常重要，我也趁這個機會，學習他們如何把這樣的精神帶到孩子的教育當中。另外，他們雖然秉持這樣的教育理念，不免會有些懷疑跟挑戰，這些在本書中也真實地呈現出來了。

　　隨著訪談的人數增長，我逐漸歸納出一些自造者的共通特質，當然，這份列表不可能盡善盡美，也不是每個自造者都囊括所有特質。儘管如此，我仍舊相信這些特質在教導孩子「自己動手做」的工匠精神時值得留意。本書中有許多「自造者」的故事，在閱讀本書的過程中，也歡迎親愛的讀者一起思考，到底「自造者」具備什麼樣的特質呢？

- 好奇寶寶：自造者是好奇寶寶，他們勇於探索，並願意動手打造自己喜歡的專題。
- 積極玩耍：自造者總是有一份玩心，他們時常會想做一些異想天開的專題。
- 敢於冒險：自造者總是敢於冒險，不怕嘗試之前沒有試過的事物。
- 勇於承擔：自造者總是勇於承擔，他們願意負起責任，著手進行對他人有益的專題。
- 堅持不懈：自造者總是堅持不懈、愈挫愈勇，不輕言放棄。

- 開天闢地：自造者總是可以開天闢地，從雜草叢生的田野中翻找出可食用的果實。
- 慷慨分享：自造者總是不吝於分享他們的知識、工具和情感上的支持。
- 樂天派：每個自造者都是樂天派，他們都相信自己改變這個世界。

在這個章節的最後，我想和大家分享珍·維爾納（Jane Werner）的故事，從這位自造者的故事當中，我們就可以看到許多上述的特質。2013年秋天，珍·維爾納（圖1-1）飛到伯明罕（Birmingham），向美國博物館與圖書館服務研究中心（Institute of Museum and Library Services）委員報告「自己動手做」與博物館的關係。珍目前是匹茲堡兒童博物館（Children's Museum of Pittsburgh）執行長，也是自造者教育體系（Maker Education Initiative）委員，她花了許多時間心力探討孩童與「手做精神」的議題，因此，要講述這方面的內容，珍簡直就是不二人選。在飛往阿拉巴馬州（Alabama）的飛機上，她就在想演講的內容，想著想著，她發現自己想到的是行李箱裡的衣服。在那個演講的場合中，珍可能是全場唯一穿著「自己織的衣服」的人，對她來説，這多少可以顯示出「自己動手做」這件事在她童年的重要性；可以自己動手做出東西，代表孩子擁有自立的能力。「回頭看看我的童年，我發現學會縫紉之後，我更有自信了，我知道透過學習，我可以『真的』做出某樣東西，我可以讓世界變得不一樣。我認為我之所以成為博物館的負責人，跟縫紉這件事有很大的關係。縫紉帶給我 一種心理能力，不只是理工知識，也不只是美感的問題，縫紉是一種自我探索與學習的過程。」透過縫紉，「我發現透過我的努力，我可以改變身處的世界。」

珍在賓夕法尼亞州[11]的赫勒敦（Hellertown）小鎮長大。從小她就和哥哥在戶外玩耍，做一些東西來玩，像是堡壘（我們可是堡壘之王呢）、小船（附近有條小溪可以玩）等等。此外，即使是在室內，珍

11　Pennsylvania，簡稱賓州

也是個充滿活力的「自造者」，珍的母親善於縫紉，所以也鼓勵珍自己做衣服。因為這個因緣，珍開始迷上時裝，她會去圖書館翻閱時尚雜誌，然後把喜歡的圖片帶回來跟母親分享。通常看到圖片之後，母親會說：「嗯，我們也做得出來！」於是，珍總是可以穿到大城市裡流行的服裝款式，這類的衣服在赫勒敦可不常見呢。在做衣服之前，媽媽會幫助珍去打折的商店買布料，後來，珍還成為中學裡第一個穿到迷你裙的女孩。「在賓州的其他地方，這是多麼了不得的事情！結果，我穿迷你裙走進學校，其他人眼睛瞪大看著我，好像在說：『天啊，妳在搞什麼鬼？』」其實，根本還沒上高中的時候，珍就曾經受朋友父母之邀，幫朋友做了音樂會要用的洋裝呢！

圖1-1 珍‧維爾納小時候與哥哥合影，身上的衣服是媽媽做的（照片由珍‧維爾納提供）。

學會縫紉之後，珍再也沒有放下針線了。大學的時候，她主修時裝設計，後來轉而攻讀聯覺藝術（synaesthetic art）與教育。畢業之後，她搬到匹茲堡（Pittsburgh）和阿姨一起住，無巧不成書，這位阿姨也喜歡縫紉。不過，阿姨喜歡用高檔的布料縫紉，珍還記得阿姨說過類似這樣的話：「妳真的應該投資一點錢，用一些流行的花紋，

並試著從不一樣的角度看待縫紉。」過了一陣子，阿姨搬離匹茲堡，那個時候，珍自己還買不起好的布料，這位茱迪斯阿姨還會寄一些自己覺得適合珍的布料給她呢！

後來，珍到科學博物館工作，並創立自己的策展公司，又過了一陣子，她搬回匹茲堡，並成為匹茲堡兒童博物館（Children's Museum of Pittsburgh）的展覽與活動組部長。1999年，她成為博物館館長，這間博物館在珍的帶領之下，愈來愈注重「手做經驗」，並以「真實的物件」設計出探索式的展覽活動。

2011年，珍在朋友兼藝術家的奈德・卡恩（Ned Kahn）慫恿之下，第一次參加自造者嘉年華，那一次，珍覺得「我徹底被震懾了……這完全是我一直以來嚮往的事！我看到許多人在做一些異想天開的專題，玩得非常開心，對我來說，這非常重要，我覺得超好玩的！」於是，珍回到匹茲堡之後，決定把博物館的一部份改造成自造者空間。

其實，匹茲堡兒童博物館中的一切都來自員工的童年回憶，他們小時候或許喜歡縫紉，或曾經拿著釘子和鐵鎚把地下室搞成一團亂。於是在博物館後來成立的自造者空間「MAKESHOP」就這麼布置了起來。這項計畫的預算並不高，珍只能撥出五千美元的款項來妝點這個空間，這對於博物館展間布置幾乎是不可能的價錢。為了克服這個難關，卡內基・梅隆（Carnegie Mellon）的教育科技中心（Education Technology Center）慷慨地向珍提出建議，讓三位實習生花上整個夏天來為珍工作。就在那個夏天，他們四個人（三位實習生加上一位博物館員工）就將一間空房間填滿鋸子、釘子和電路板，然後「開始搞亂」。後來，這個空間大受好評，從此變成博物館的常設展間。珍和其他博物館的員工發現，在MAKESHOP當中很容易看到親子互動，父母子女可以有許多話聊，而且，在這邊的經驗或許只是個開端，回家之後他們可以繼續聊做過的專題，或者在家裡繼續「動手做」。許多家庭不斷回到MAKESHOP，花上好多天完成複雜的專題，小朋友也願意為了自己的創作，連續做上好幾個小時不曾中斷。我去參訪的那一天，我看到一位父親和女兒用捐贈來的布料和縫紉機一起縫彩色無袖背心裝。

現在，珍的工作主要是創造「空間」，讓員工可以揮灑創意，不過，珍還是維持著縫紉的習慣。她開玩笑地說，現在她「賦閒的日子」就是「買布日」，她會去逛家附近的布料行，和老闆塔米（Tammy）聊布料，「我非常喜歡布料的感覺，喜歡皺摺。你知道嗎？把平面的東西變得立體真的很有趣耶，縫紉就是這樣！」現在，珍不需要為自己縫製衣服了，但是，她還是覺得這是她「抒發創意的管道」，能藉此不斷嘗試，而且她從不吝於把自己的作品穿出家門呢！

　　最近，珍接到一通電話。一位父親打電話來問問題，這位父親說他帶著八歲大的女兒去參觀匹茲堡兒童博物館，那一天，他們一起縫縫補補玩得很盡興，於是回家之後，這位父親跑到家裡的閣樓，把奶奶的縫紉機拿下來。奶奶幾年前過世，這位父親和女兒研究了半天，都搞不太懂要怎麼在機器上穿線，因此這位父親打電話到博物館，想問問有沒有人可以幫他們這個忙。我想，這位父親應該很會很驚訝博物館的執行長親自來幫這個忙吧！後來這對父女回到博物館，珍就教他們拉線和捲線筒。「你知道他們聽得有多著迷！」珍和我說，那次之後，那位八歲的小女兒立刻就開始構思她想要動手做的衣服了呢。

　　我非常喜歡這個故事，這位女兒決定要自己動手做一套萬聖節的服裝，於是，在爸爸的幫忙之下，他們用奶奶留下來的老縫紉機開工了。這位女兒的「自造者」之路上，找到像珍這樣的老師，雖然素昧平生，珍也非常忙碌，卻還是願意和這位小女孩分享她的時間和知識（對，就是珍從小在實作的過程中累積的知識），對我來說，這就是所謂的「自造者運動」啊。

　　在結束參訪之前，我問珍：「那麼，『自造者』可以從孩子身上學到什麼呢？」我相信，大人在看著孩子的時候也會學到很多事情，而珍也是這麼認為：

> 「小朋友並不在乎失敗，三、四歲的小孩什麼也不管，他們願意一直試、一直試，但是，開始上學之後，孩子們就開始擔心失敗了⋯⋯觀察孩子是件很有趣的事⋯⋯他們在『自己動手做』的過程中學得非常快，在旁邊看就會發現，孩子們都善於觸類旁通，還有『樂趣』⋯⋯大人有時

候會忘記『自己動手做』是多麼快樂的事情，但是，孩子
們總是可以樂在其中啊！」

我希望從這一刻開始，我們可以擁抱這一份「動手做」的喜悅，並
且盡全力讓孩子不要忘記這一份樂趣！

第二章 好奇寶寶

自造者是好奇寶寶，

他們勇於探索，並願意動手打造自己喜歡的專題。

從小，我就很喜歡一直問「為什麼」。有一次，我參加了一週的營隊活動，結束之前，其他小朋友就得到「最佳運動選手」、「游泳冠軍」之類的稱號，而我則得到了「為什麼小姐」的頭銜。事後回想起來，我覺得這好像不是讚美。現在我已經晉級人母，我承認如果女兒一直拿同一個問題來轟炸我，我也還是會不耐煩，有時候我甚至會直接說「反正就是這樣！」來搪塞。

我和許多自造者聊過天，發現許多人小時候也喜歡問「為什麼」。在和本書出現的自造者聊天時，找到他們許多共通的特質，其中，我發現他們小時候幾乎都是「好奇寶寶」！自造者總是對世界充滿好奇，這份好奇心能表現在不同的地方，無論如何，他們總是有興趣吸取新知、學習新技術，或者聆聽新的故事。他們從小就想要知道「為什麼」、「怎麼做」、「什麼時候可以」、還有「如果……的話呢」。

大人對於「好奇寶寶」的反應很複雜，我們說「好奇心會殺死一隻貓」，所以，好奇心不是什麼好東西囉？在我看來這真是胡說八道。所謂的「好奇心」，也就是自發地追求某項事物，我認為這是創新的原動力。最近我帶著一個朋友去參觀自造者嘉年華，這是她第一次參加，我們就四處欣賞專題和展演活動，她對自造者嘉年華印象非常深刻，不過卻不知道這些專題的製作動機是什麼？為什麼自造者要「動手做專題」呢？為什麼會有人花上好幾年用牙籤蓋出一個城市？在Instructables網站或《Make:》雜誌登出來的專題，未必是某人的工作或回家功課，這些活動他們發自內心想做，沒有人強迫他們。那

麼，到底這股驅力從何而來呢？我很許多自造者聊過，他們的共同答案都是：「因為好玩啊」或者「我只是覺得很好奇」。因此，我轉而想知道：「我們要怎麼培養孩子的自發性？」

內在動機

本書介紹的自造者雖然現在都是大人了，但我們還是可以看到他們對學習的熱誠跟小時候並無不一樣。他們覺得做新的東西很有趣，還有探索新的主題、學習新的技術和地方都讓人熱血沸騰。即使現在已經長大成人，這些自造者還是覺得世界充滿驚奇和可能性。事情其實很單純，他們就是「想要知道」、「想要做」而已，即使沒有什麼外在誘因，他們也會可以發揮創意來製作專題。 他們就只是單純地被這樣東西吸引，旁人在做什麼別的事情都不打緊。問題是，我們的社會總是在幫孩子尋找外在動機，而沒有試圖讓他們自發地「想要知道」、「想要做」。

大人總是有各種方法驅使孩子努力，看看孩子周圍的世界吧，各種各樣的分數、徽章和獎座，尤其在教授「自造者世界」中的技術時，這類的「獎賞」更是琳瑯滿目，不管是賽車比賽，還是對你做的機器人、風車、電路做評分，我認為這些東西固然重要，可以驅使孩子們實際去設計並「動手做專題」，但是，我也非常想知道為什麼有些人可以在圖書館、實驗室、地下室或電腦前廢寢忘食，做著沒有人叫他們做的專題呢？而且老實說，這些點子有可能根本行不通。這些專題沒有截稿日、沒有規則、沒有完整的教戰守則，這股熱情到底是怎麼來的？我們要怎麼鼓勵孩子們產生這樣自發的熱情？

我們總是要孩子發揮想像力，但是，父母或老師要有足夠的勇氣才能真正讓孩子去嘗試他們感到好奇的東西，即使是天馬行空的構想也沒有關係。如果完全讓小朋友發揮創意，可能會無法準時交出作業或者得到比較差的成績。通常老師出的作業都可以在一定的時間之內完成，只要使用某一套既定的技術就行了。如果我們將這些既定的限制拿開，那就很難提供完整個專題步驟說明了，截止日期也很難訂定，在這個世界裡未知的因素太多了。

要培養孩子的內在動機，首先我們必須要展現我們發自內心的熱誠。身為一個孩子，他們多久才會看到一次充滿熱誠的大人埋首於自己喜歡的專題呢？他們是否有機會碰到「自造者」路上的人生導師，帶著他們為著純然的興趣摸索？而且，是為了過程本身的樂趣而進行，而不必然是為了最終成果而努力？我希望我的孩子可以擁有發自內心的興趣與熱誠，不假思索就投入他們自己喜歡的計畫當中。但是，這些熱情就像是一閃而過的火花，好奇心也是如此，一開始很脆弱，需要保護、協助才能夠燃出燎原之火。

華特‧迪士尼[12]曾經說過：「在迪士尼公司，我們不會回首欣賞自己的成果太久，而是持續不斷地向前邁進，原因很簡單，因為我們『充滿好奇』，這一股好奇心總是引領我們發現嶄新的途徑。」好奇心是驅使自造者前行的最大動力。身為家長和老師，我認為現今孩童最大的威脅，就是失去在滿足自己好奇心的旅途中流連的機會。

好奇寶寶

什麼叫做「好奇寶寶」呢？在執行這次《Making Makers：讓孩子從小愛上動手做》書籍訪談時，大家的做法好像就是鼓勵孩子們把東西拆開！我非常贊同這個做法，如果孩子們有興趣，把東西拆開瞧瞧裡頭長什麼樣子是很重要。但是，「好奇寶寶」不只會拿螺絲起子把媽媽的手機拆開而已啊！我在訪談多產的發明家狄恩‧卡門（Dean Kamen）時，他一開始就談到：「我很想跟你說一些精彩絕倫的故事，像是三歲的時候我就曾經把引擎、機器、電視拆解開來之類的，可惜的是，那些事情在我身上都不曾發生。此外，我也不認為艾莉森‧雷諾德（Allison Leonard）小時候有一直拆東西，她是一位工程師，也是「機械計畫」（Machines Project）的發起人，在這個計畫當中，他們將超八攝影機（Super 8 video camera）、Xbox搖桿等各種各樣的東西一步步拆解開來，附上照片、公布在網路上。她說，之所以會發起「機械計畫」計畫，正是因為她小時候不喜歡把東西拆解開來，「老實說，之所以會發起這個專題，正是因為我小時候不喜歡這麼做。我總是覺得我很晚才踏

---

12 Walt Disney，美國著名動畫創作者、配音員與企業家。

入理工的大門，大概二十幾歲之後才真的入行。」那麼，她小時候都在做什麼呢？就在她們家的三畝地上跑來跑去，她童年的好奇心都在原野上滿足了，那塊土地上充滿回憶。

我曾經問過琳賽・戴蒙德（Lindsay Diamond，SparkFun Electronics 公司教育部門負責人）博士（見圖2-1）關於好奇心的問題，她不假思索地就同意，認為好奇心是成長過程中很重要的驅力。說到這裡，我的腦海中浮現的是烤麵包機、錄影機之類的機器被拆解開來的樣子。不過，她跟我說，她在美國佛羅里達州長大，那裡「蜥蜴的數量多到無法想像，小時候，我甚至會把蜥蜴的屍體撿起來，看看屍體裡頭長什麼樣子」。對琳賽來說，把「生物」拆解開似乎非常有趣，她喜歡探索各類植物和動物的構造。如今，琳賽已經成為開源教育（open source education）界執牛耳的人物，在電子零件的相關領域幾乎無人能出其右。其實拆解蜥蜴或手電筒沒什麼不同，重點是，琳賽和他的同事們都希望能讓孩子們跟著自己的好奇心來探索這個世界。

圖2-1 家裡的後院就是琳賽‧戴蒙德的第一個實驗室（照片由瑪莎‧萊沃寇夫提供）。

校園生活

　　無論老少，自造者總是渴望學習。這樣聽起來，學校應該是他們的天堂囉？在訪談自造者的過程中，我聽到許多自造者表示學校課業不難應付，卻鮮少有人說他們熱愛學校。有些自造者會提到他們最喜歡的課程或者老師，不過也有些人對學校生活不太有興趣。近幾年來，我的研究團隊將重點放在「玩中學」（Playful Learning），也和自造者教育計畫（Maker Education Initiative）多有合作。因此，我有幸看到許多非常棒的老師。幼年與孩童教育是很重要的工作，可惜的是，這一項工作的社會地位不是特別高。我每個星期都會和老師聚會，許多老師幾乎是嘔心瀝血，為的就是希望讓孩子受到更有生命力的教育。然而，我看到愈來愈多老師在過程當中灰心喪志，因為，他們被迫要做他們不喜歡的事情。我和許多自造者聊過，從來沒有人提到考試、讀課本的愉快經驗。那什麼會讓他們印象深刻、永難忘懷呢？有人提到讓他們「自己動手做」專題的老師、有人想起某個圖書館員推薦他們引人入勝的故事書，或者，也許是一次校外教學讓他們印象深刻。最讓我難過的是，這些真正讓人難以忘懷的教學方式在今天的教育系統中愈來愈難以生存。

　　有一次，我和史帝夫・傑夫寧（Steve Jevning，見圖2-2）聊天，他是「李奧納多的地下室[13]」創辦人，那一次經驗真是讓我大開眼界。我久仰史帝夫大名，知道他是學院體制外的教育家，現在是「李奧納多的地下室」公司顧問。不過，在跟他聊天之前，我不知道他原本想當小學老師。他在1954年出生於明尼蘇達州的一個小鎮，從小他不特別喜歡玩具，卻花上很多時間尋找各種材料來做專題。他說：「要實際做出一些產品，才會讓身邊的環境更有趣啊！」他外公是一位神職人員，外公家的地下室有一個木工車間，史帝夫小時候就常常下去東摸西摸的。不過，他還記得車床太危險了，外公不准他用。

13　Leonardo's Basement，位於美國明尼蘇達州的明尼亞波利斯和聖保羅市的青少年自造者空間。

圖2-2 小小史帝夫·傑夫寧（照片由本人提供）。

　　史帝夫的祖父則是農夫，史帝夫還記得，祖父的農場就像是「一座遊樂園，裡頭有各種工具、機械、秣草和繩索可以玩」。他小時候就在附近到處亂跑，跟建築工地借裝備來玩，還有，他也會跑去打鐵鋪，看著鐵匠用自製的風箱修東西！反正，史帝夫從小就喜歡學習怎麼動手做東西，而且，在製作模型的過程中，他也逐漸了解比例的概念，這不是回家功課，也不用打成績，但他就這樣慢慢學會了。

　　即便到今天，史帝夫還是有個困擾，旁人總是用成績在看待他們，而不在乎他們的興趣。「小時候，我們連朋友們的『興趣』都不清楚，這一切幾乎都由大人來決定。所以，我才決定創辦『李奧納多的地下室』，這個自造者空間主要關心的對象是孩童，我受夠大人決定小孩應該做什麼，從來沒有人去問問孩子，他們到底想要學什麼？從很小的時候，我就發現『自發』這件事情非常重要。」中學的時候，史帝夫很喜歡工藝課，但是很多人就會跑來問他：「你要去讀大學還是要做木匠啊？」，他發現，成績好的人去修工藝課會遇到重重阻

礙，老師們鼓勵這些「會讀書」的學生去修比較「學術」的課。史帝夫覺得中學時候成績不太好還滿幸運的，這樣一來，不管他要去修普通的學科還是工藝課都不會有人說話。

後來，史帝夫做了幾年木匠，在美國各地工作，後來因為他有些親戚是老師，所以等他決定回去讀大學之後，他也選擇這個領域。在1960到70年代的美國教育界，許多人在討論「體驗學習」（experiential learning），那個時候史帝夫對教育很有熱情，希望能改變既有的教學模式。他在大學時代修了很多教學法和獨立學習課程，最後拿到了初等教育的大學學位。史帝夫自己會撰寫教案，希望能讓學生更加投入學習，不要「那麼無趣」。看到自然課用的實驗套件包，他覺得「實在太無趣了，套件包裡面的東西賣場或五金行都買不到啊！我們應該要直接去賣場或五金行買真正的東西來做真正的實驗，而不是坐在小小的桌子前面用塑膠湯匙玩遊戲」。即便如此，史帝夫說，那個時候要去商店買真正的化學實驗套件包、拿真正的化學物質來實驗還是辦得到。那是他第一次「意識到真正的東西比假裝的還要更具教育意義。如果能做出世界上存在的東西，那比什麼套件包、模型要直截了當的多」。踏上教育這條路時，史帝夫以為自己可以改變教育，但是，他逐漸發現自己喜歡的教育方式不被認可，覺得有些氣餒。他非常重視「探索」和「玩耍」，「每一個孩子都獨一無二，因此，我認為教育的目的在於讓孩子適性發展。」對他而言，因材施教，並讓孩子找到自己的興趣是老師的首要任務。在兩年之內，他換了幾所不同的學校教書，後來，他決定離開正規教育系統，去找屬於自己的「空間」。因此，他又回到他的老本行，當一位木匠，開始蓋房子！

兒子出生之後，史帝夫搖身一變成為家庭主夫，等到兒子去上學之後，他才去工地上班。下課之後，兒子跟同學會到他們家做專題。後來史帝夫乾脆在附近的小學辦一個自然科學的社團，他認為「與其買玩具給小孩，不如把廚房的櫃子打開，讓小朋友自己去探索吧！」史帝夫不僅讓孩子們在社團當中擔任小老師，也會讓他們帶領「小小發明展」的專題團隊。後來他將這些活動延伸，創立了「李奧納多的地

下室」，在這個工作室裡，不管是小孩還是大人，一家大小都可以用真正的工具和材料做專題。另外，史帝夫也認為，自造者精神的核心是「人際關係」，所以，他努力讓來到「李奧納多的地下室」的自造者可以一同學習成長，即使自造者年齡並不相近也沒有關係。「『吾師道也，夫庸知其年之先後生於吾乎』，年長者不一定可以成為年輕人的老師，重點是你會什麼，就可以教導別人。」在「李奧納多的地下室」裡，史帝夫達成了他當初「因材施教」、「學生自發」的教育裡念，而且用的是真正的工具和材料喔！

在今天的社會裡，許多老師想問的是：「為什麼在課堂裡不能這樣做呢？」這的確是大哉問，我認為，大家都應該鼓勵這些將「自發實作課程」帶回學校教育的老師們。身為教育從業人員，我們都應該自問現在教的東西，是不是能讓孩子們在幾十年後解決他們面對的問題。史帝夫認為，「只有在做喜歡的事情時，我們才會樂在其中，如果遇到困難，則可以披荊斬棘、愈挫愈勇」。關於這一點，我舉雙手贊成，希望我們能讓孩子真的找到自己的熱情所在。史帝夫對他的成果非常滿意，他說，「李奧納多的地下室」成立十五年後的今天，許多學校都邀請他幫忙設計專題製作的專用教室了！

故事的力量

對現在已經長大成人的自造者來說，書籍是他們成長過程中很重要的資訊來源。我訪談過的自造者幾乎都可以開一份他們看過的書單，有時候，連三十年前看過的書都不曾忘記。其中，有些自造者傾向參考工具書，另外，也有些人對科學幻想小說感到著迷，有些人醉心於經典之作，也有些人對非文學書籍情有獨鍾。不過，跟之前一樣，我注意到他們列出的書單從來就不是學校開的，讓他們真正難以忘懷的，總是他們自己找到、自己選擇的書籍。

我和許多自造者討論過書籍的影響力，其中，我最喜歡狄恩‧卡門（Dean Kamen）的說法。雖然許多受訪者都提到學校課業對他們來說是小菜一疊，狄恩卻不這麼認為。他非常重視學習，但是，卻不太愛寫功課，考試成績也不太好。他覺得課本跟學校都很無聊，總是在

傳授已知的知識，但是，他想要學的是「未知的事物」。狄恩很喜歡閱讀，他說他讀書的時候總是慢條斯理：

> 「我在閱讀的時候總是慢條斯理，所以我沒有時間讀長篇小說，對我來說長篇的壓力太大了。有一次，我發現原來『牛頓定律』跟一個叫作『牛頓』的傢伙有關，我想說這傢伙一定是個天才！八成有寫過書吧！果不其然，他寫過《自然哲學的數學原理》（Philosophiae Naturalis Principia Mathematica，簡稱Principia）。伽利略（Galileo）也寫書，《新科學對話》（Two New Sciences）就是他的作品。後來我學到阿基米德原理（Archimedes' principle），那阿基米德又寫過什麼書呢？我學到了一個道理，這些偉大的人都有寫過書，所以，就去看看他們寫了什麼吧！牛頓這個偉大的科學家窮盡畢生的心血，寫出《自然哲學的數學原理》這本書，我們卻只在小學讀了一個段落，就解決了牛頓這位大科學家的成就，可能嗎？我們又不是天才，更不是牛頓本人！我把課本往下一頁翻，就變成解剖青蛙了，再下一頁則是電流。這樣不夠啊！所以，我就直接去找牛頓寫的書，可能要花上一個禮拜或一個月才能看完，但是讀完之後，我會更加了解他想表達的道理。因此，我決定慢條斯理地品嘗這些科學、數學、工程學上的大師之作，在這些書裡，我看到許多人沒有機會欣賞的美景。」

孩提時代看的書在我們心中種下種子，有一天或許會萌芽成為人生志業也說不定。比方說，克里斯·安德森[14]（見圖2-3）小時候就常常去學校圖書館看航空機器人的書。那個時候還沒有網路購物，克里斯就常常翻閱郵購型錄。不過他小時候沒什麼零用錢，所以翻閱郵購型錄比較像是滿足自己的幻想，雖然如此，在類似《Popular Mechanics》（大眾機械）之類的雜誌偶爾還是可以看到買得起的東西。十二歲的時候，克里斯花了一大筆錢買了一個潛水艇套件包，在

14　Chris Anderson，前《連線雜誌》（Wired）總編輯、3DRobotics航空機器人公司創辦人。

產品到貨之前他滿心期盼的等著，想說等到把潛水艇組裝好之後，就可以開始一場大冒險了。結果發現那只是一份計畫書。貨到之後，他打開包裝，發現裡面都是一些「印得很爛的設計藍圖」，那份失望可想而知。不僅如此，計畫書的第一步驟就是取得美國空軍P-51戰機多餘的副油箱，顯然這對一個鄉下的高中小孩來說根本不可能。「我還記得那個時候真的很沮喪。每次打開郵購包裝，似乎都會經歷夢想破滅的片刻。」可惜，他的確沒辦法在附近找到油箱，所以也沒辦法完成一人潛水艇冒險的夢想。

圖2-3 克里斯·安德森和祖父一起用機器加工（照片由克里斯·安德森提供）。

接著克里斯開始怨嘆他太早出生了，到十八歲才擁有第一臺電腦。他說要是他十二歲的時候就開始接觸電腦，一定可以學得更快。這一點倒是挺有趣的，許多自造者都跟我說他們小時候不一定時常接觸電腦，希望能早一點接觸。我在想如果他們更早接觸到電腦，說不定就不會成為今天這樣的自造者了。我就跟安德森說，如果他很早就有電

腦可以用，可能就沒有機會花時間看潛水艇的製造計畫了。果不其然，他說：「我看到電腦的那一刻，幾乎立刻就把所有硬體專題拋諸腦後了。在接下來的二十年我都在寫程式。妳說的對，或許是因為小時候沒有電腦，所以我有機會接觸實體專題，不然電腦的世界實在太誘人了。」

跟著「好奇心」到天涯海角

在跟許多自造者聊天之前，我都以為他們從小受電腦影響，結果通常都出乎我意料之外，這點倒是滿有趣的。即便如此，他們還是常常提到「好奇心」這個元素。印蒂雅（India）、諾亞（Noah）和亞撒（Asa）都是丹尼・西里斯（Danny Hillis）的孩子（見圖2-4與2-5）。丹尼是資訊科學的先驅人物，專長是平行式運算，我們在第九章會聊到他的故事。丹尼創設資訊科技公司時，孩子都還沒出生，因此我以為他的小孩會擁有「高科技」的童年。結果他們跟我聊的都是兔子、樹屋、手持工具還有各種「低科技」的惡作劇專題，還有他們樂於探索新的地方，也非常喜歡新知。

我就問了，為什麼你們對這些事情有興趣呢？三個孩子的答案倒很一致：「因為我們好奇啊！」諾亞和亞撒這一對雙胞胎現在已經二十幾歲了，他們從小似乎就喜歡把東西「拆解開來」。他們連路都還走不穩的時候，就開始把自己的嬰兒床給拆了，後來還把窗戶拆了。把窗戶拆了也就算，他們拆完還爬到屋頂上，把媽媽跟鄰居嚇壞了！值得一提的是，因為他們家人都很喜歡照相，所以很多事情都有拍照存證。他們在屋頂上的時候，有個嚇壞了的鄰居跑來按門鈴，結果媽媽拿給這位鄰居一臺相機說：「先拍張照吧！」諾亞和亞撒也對相機很著迷，所以看到鄰居幫他們拍照就停著不動，媽媽就趁這個時間衝上樓把他們抓回房間裡。

圖2-4 印蒂雅‧西里斯小時候做的木工專題（照片由丹尼‧西里斯提供）。

圖2-5 諾亞和亞撒‧西里斯在四處探索（照片由亞撒‧西里斯提供）。

　　他們家的孩子從小就接觸許多工具，因此在探索的過程中也培養出學習的動機，只要發現他們對什麼事情有興趣，爸爸媽媽就會鼓勵他們。亞撒跟我說：「只要我們對某件事情表示有興趣，爸媽就會讓那件情成真。」他們的母親珮媞‧西里斯（Pati Hillis）學的是藝術，她也將對藝術的熱情傳遞到孩子身上，此外珮媞也要孩子們一同建造他

們的家，不管是計算門的數量，還是幫忙在後院鋪磚等等，如果孩子們表達學習任何東西的意願，珮媞都會想辦法幫他們找到老師。

圖2-6 西里斯一家人共同打造的城堡（照片由丹尼·西里斯提供）。

西里斯家的小朋友不只是蜻蜓點水地汲取知識，而是根據他們的興趣深入學習。在大學開始設計家具之前，亞撒就已經學過木工、金屬加工、吉他製琴和室內裝潢的基礎知識了，不過他對於電子方面的涉獵比較少。那要怎麼辦呢？很簡單，除了系上的課之外，他自己又去修了一整年電子相關的課程。從小這對雙胞胎就熱愛手作工匠技藝，甚至還有點干擾到他們跟數位世界接觸的機會！十二歲的時候，亞撒曾經短暫地擁有一臺早期的iPod Video，沒過多久他就把iPod賣給一位老師，賣得的錢拿去買了一臺小的木工車床，他就藉這個機會學會這項技術，慢慢變成木製手工筆的專家了！而母親珮媞為了幫忙尋找買家，會把亞撒作品帶到研討會或著其他聚會上展示，後來就慢慢演變成一間公司，珮媞雇用自己家的雙胞胎還有鄰居的小孩，在週末假日做起賣筆的生意了！

諾亞和亞撒的童年經驗跟他們的家具製作事業很有關聯。當我問到他們小時候喜歡的科目時，印蒂亞不假思索地跟我說他們三個都很喜

歡數學，「我們小時候都遇到很棒的數學老師。」那麼他們喜歡什麼玩具呢？印蒂雅說她們小時候沒有玩具，不過有很多「杉木」！在和他們家三個小孩聊天的過程中，都有聽他們提到木工和做樹屋的經驗。諾亞最後這樣總結他們的童年經驗：「我們小時候很自由，可以到店裡做出任何我們想做的東西。」現在在木工和數學幾乎可以說是諾亞和亞撒這兩個男孩生活的全部了。「小時候，數學就好像謎題，不過大部分的時候都有很清楚的答案。現在我在做家具設計，家具設計也是一樣充滿數學，我們每天都在解數學題，像是計算某個家具的角度應該要是多少才對，或者某個連接處可以承受多少重量等等。」

我們無法選擇孩子的興趣，但是，我們可以培養他們的好奇心。我問克里斯・安德森（就是小時候買了潛水艇計畫書，長大變成航空機器人學家的那一位）他家小孩有沒有跟他一起做專題。他說：「那當然，我每個週末都在跟他們一起做專題，有時候是學校的作業，有時候就只是他們想要玩的東西，我每個週末都在壓榨他們！」他承認當父母有時有點「自私」，希望孩子們變成自己想要的樣子吧！也許他還沒有成功讓孩子變成像他一樣瘋狂的自造者，但是我認為他是很好的典範。安德森家的小孩從小就看著爸爸孜孜不倦地追隨自己的好奇心，並且認為自然科學與科技會給這個世界帶來正向的影響，至於這些孩子們長大之後到底會變得如何，就只有時間才知道答案囉。

再來一點膠帶吧！

家長對小孩的影響很大，這一點我自己身為人母也得留意。在自造者教育計畫（Maker Education Initiative）工作的麗莎・雷加拉（Lisa Regalla）和我說過一個故事，有一次麗莎在演講中提到「自己動手做」的重要性，結束之後，一位父親跑來和她說，雖然自己跟太太非常努力地介紹孩子更多可能性，孩子還是只喜歡用膠帶做黏紙的遊戲，甚至到了爸爸想把剪刀膠帶都丟掉的程度。不過，聽完麗莎的演講，他們似乎對於支持小孩的興趣產生不一樣的想法。這位父親不再想把膠帶給丟掉了，他決定帶「更多膠帶、各種各樣的膠帶」回家給孩子玩！

最後，我要再強調一次，我們無法決定孩子的興趣，他們可能喜歡黏紙，也可能喜歡潛水艇。人生熱情的美妙之處就在於強求不來，你能想像世界上每個人都對只同一件事情有興趣嗎？太可怕了吧！那如果所有人都被要求只能在乎同一件事、只能追求同一個目標呢？更可怕了是不是？生活中最棒的事情之一就是我們都不一樣，我出一份設計作業給班上三十個學生，至少就會拿到三十種不一樣的答案，這可能來自他們的成長背景或想法。有人做出飛機，有人畫出一隻鳥，也有人想著耍雜技的演員，身為大人，我們要給予孩子們力量，讓他們在屬於自己的那一片天空飛翔啊！

第三章 積極玩耍

自造者總是有一份玩心，
他們時常會想做一些異想天開的專題。

玩耍是好奇心的天然產物，蘇菲·克拉維茲（Sophi Kravitz）從小就喜歡玩不尋常的遊戲，像是「貝蒂·赫斯特在哪裡？」（Where is Patty Hearst?）這個遊戲的棋盤竟然是化學元素表。你要先擲骰子，踏上化學元素表的某一格之後，背出這一格之前所有的化學元素才行。還有你必須要回答元素的特性問題，像是原子量或是常見用途等等。她非常喜歡元素表遊戲，常常跟兩個弟弟一起玩！不需要說，這個遊戲當然不是外面買的，是她爸爸幫他做的遊戲。

蘇菲和他的兄弟姐妹被管得很嚴，玩樂時間要做什麼事情都有規定，家裡沒有電視，父母親甚至會關心他們玩的玩具。比方說，為了避免他們落入性別刻板印象的窠臼當中，他們會給蘇菲玩卡車，男孩子則要玩洋娃娃。不過好笑的是，蘇菲弟弟會把娃娃車裡的玩偶丟出去，換成蘇菲的卡車；而蘇菲則會幫卡車穿上衣服、把卡車放上床等等，所以這個策略算是失敗了！因為玩不到娃娃，蘇菲索性幫身邊的東西都設計了衣服，不管是卡車、松果，還是樹枝等等。回憶起童年，蘇菲想到的是遊戲、故事、一個充滿想像的世界：「我總是在自己的腦海裡徜徉、樂此不疲。在幻想的世界裡什麼都可以。」另外，她有閱讀的習慣，尤其喜歡小說，她在家可以隨心所欲地選擇讀物，這使她在學校發生了一件糗事。四年級的時候，她在學校選了一本有些露骨的內容來朗讀，結果，老師決定通知家長，媽媽接到老師的電話，跟老師說他們家不相信限制小孩讀物這一套，不過媽媽還是建議蘇菲這些書就在家裡看吧。除了閱讀之外，她也曾經寫過一群朋

友「不曾完結的冒險故事」，隨著時間過去一直加入新的劇情。

此外，雖然蘇菲的父母非常注重正規教育，但是蘇菲不是特別喜歡學校，如果需要的話，她期末考試可以拿個滿分沒有問題。但是比起考試，蘇菲好像更喜歡故事書還有「動手做東西」，後來她對學校感到厭煩，就決定提早畢業，十六歲的時候就拿了中學文憑。

1980年代的流行是在帽子上裝上一大堆飾品，或者在衣服上擺一些閃亮亮的聖誕裝飾，蘇菲完全得到真傳。後來她到時尚技術學院（Fashion Institute of Technology，簡稱FIT）和紐約州立大學波切斯分校（State University of New York Purchase）學習時裝設計與雕刻。不過她似乎一直沒有找到自己想要的東西，父母又堅決反對她成為藝術家，反而希望她去學科學。

後來，在一個偶然的機會裡，她看到一位雕刻師在徵求助理，於是她到 Aesthetic Creations（美學創作公司）參加面試，應徵尼爾・馬爾茲（Neal Martz）的助理工作。尼爾就帶著蘇菲去看他為電影《沉默的羔羊》（Silence of the Lamb）做的血腥道具，看著那些「恐怖、血腥的玩意」，蘇菲一點都不害怕。對此尼爾感到印象深刻。然後尼爾請蘇菲把雙手伸出來，他發現蘇菲的雙手非常骯髒（因為她整天都在做銀飾加工），就決定當場錄取她了！

蘇菲沒有想到，她上工之後的第一個專案就是在真人大小的道具肚子和屁股上安裝毛髮（見圖3-1）。他們的任務是要做出霍華・史登（Howard Stern）的道具，將毛髮裝在肚子上，愈逼真愈好，這個道具是要用在《紐約鳥王》（Private Parts）這部電影當中的。

圖3-1 蘇菲·克拉維茲的第一個電影道具專案（照片由本人提供）。

　　後來，蘇菲的父母來參觀她的工作室（見圖3-2），結果工作室裡
到處都是幾可亂真的身體部位，還有很多很多假血。這位小時候家裡
沒有電視、總是在故事中迷失、熱愛化學元素週期表的小女孩，長大
之後運用她的科學知識將幻想的故事化為現實。

圖3-2 蘇菲・克拉維茲在她的電子實驗室（照片由本人提供）。

最近，蘇菲自己創辦了工程顧問公司，進行各種不同的專案，不過他們主要還是將焦點放在工業機械設計上。我不禁問她，為什麼可以在這一行大放異彩？她說她的客戶希望能尋求創新的解決方案，「那不就是自造者的專長嗎？我們總是能產生新的想法，對我來説，重點在於原創性（originality），我不喜歡重複人家做過的事情。」看來在她這一輩子當中，總是在尋找各種各樣的方法取悅自己和旁人呢！

一起玩耍吧！

二十世紀初英國政治家大衛・勞合・喬治（David Lloyd George）曾經説過：「玩樂是孩子的第一需求，玩樂是大自然讓我們成長的訓練，如果侵犯孩子玩耍的權利，那麼整個社會的身體和心靈都會蒙受深遠的傷害。」我聽過很多關於玩樂的説法，其中大衛・勞合・喬治的説法影響我最為深遠。玩樂使得孩子（還有成人）可以在不顧成果的情況下摸索自己的興趣，這是必要的人類經驗，不管是玩遊戲、彈奏音樂、運動、扮家家酒、演戲、説故事，孩子們透過玩樂來認識這個世界。雖然這麼説，每個人對於玩樂的定義都不盡相同。我們常説玩樂很重要，但是我們也常説「不要再玩了，回來工作！」這樣的話，聽起來好像是玩樂比較不重要，身為一個大人，我們到底有沒有花時間單純「玩樂」，不為其他目的呢？ 同樣地，我們又給了孩子多少時間和空間來選擇他們自己想做的事情？

如果你走進自造者嘉年華或者附近的自造者空間，一定可以看到他們玩得非常開心。戴爾・多爾蒂曾經談論過創辦《Make:》雜誌的源起。他説：「自造者就是一群喜歡『玩科技』的人，他希望能辦一個雜誌來介紹這件事情。當然『好玩』的事情不代表『簡單』，但是身為教育從業人員，我可以跟你分享一個竅門，只要讓孩子覺得『很好玩』，他們就會卯足全力來嘗試。」

學術著作當中對「玩樂」有所著墨，費格斯・休斯（Fergus Hughes）認為，所謂玩樂，必須包含「自由選擇」（freedom of choice）、「樂在其中」（personal enjoyment）、「不為成果、享

受過程」等條件[15]，這些條件跟自造者運動的特徵不謀而合。自造者做專題都是為了在過程中得到的樂趣，他們喜歡將構想付諸實現，因此，許多專題都沒有「完工」的一天，因為他們總是有靈感可以繼續前進。

蘇菲就是喜歡玩樂的人，不管在生活的哪個方面都注入玩樂這項元素，這使得她總是充滿創意、看事情有獨到的洞見。她對這一點也信心十足，認為自己善於以嶄新的角度切入問題。

數字遊戲

談到美國的自造者運動關於幼年教育的部分，不免提及麻省理工學院媒體實驗室（MIT Media Lab）的終生幼兒園團隊（Lifelong Kindergarten group，簡稱LLK）（http://bit.ly/llk-group），他們開發出大受好評的兒童程式語言編寫環境 Scratch、LEGO機器人套件包（LEGO Robotics Kit，包含 LEGO Mindstorms大腦風暴系列）、Drawdio（繪圖樂器）、MaKey MaKey、GlowDoodle（螢光漫畫）應用程式和許許多多不同的玩具，讓孩子享受創造的樂趣。這個豐富多產的實驗室創辦人正是米契・瑞斯尼克（Mitch Resnick）（見圖3-3）。

米契小時候就做過一些讓人印象深刻的專題。比方說，小學的時候，他爸媽要他在後院做一個小高爾夫球場呢！不過米契覺得自己小時候並不是特別熱衷於做出實體的東西，他說他反而比較喜歡解數學謎題，尤其像是邏輯謎題這一類的分析問題，這也就是他與演算法、數字的初次邂逅。他認為這對日後的他影響深遠。

即使現在已經五十多歲了，米契仍然記得學數學的過程有多快樂。二年級的時候，大他兩歲的姐姐剛學到多位數的乘法（比如12乘以33），那個時候米契也學過乘法了，不過只會個位數的乘法。於是，姐姐就教他多位數的乘法要怎麼做，聽完之後米契立刻問姐姐：「天啊！這件事還有其他人知道嗎！」小米契覺得這一定是個大祕密，不

15　Fergus P. Hughes, "Spontaneous Play in the 21st Century," Contemporary Perspectives on Play in Early Childhood Education（2003）: 21–39.

然路上一定很多人在談論這件事！現在回憶起這件事，米契認為這是他第一次見識到「演算法的美妙」。

圖3-3 米契‧瑞斯尼克小時候（照片由本人提供）。

此外，米契也熱愛運動，他中學時代打過棒球、籃球和網球，在練習的過程中，他發現這一切都跟「計算」有關係。於是乎，他迷上了棒球的各種統計數字。他爸爸帶著他看懂報紙上的分數、打擊率、排名等等比賽分析用的數字，這對米契蘭說簡直是嶄新的世界，於是他的棒球世界與數學世界巧妙的結合了。

對小米契來說，數學是他認識世界的方法。隨著年齡增長，米契的工具箱也不斷加入新的寶藏，因為他優異的數學能力，在十年級的時候，他開始接觸程式語言，過沒多久他就做出第一個專題：撲克牌遊戲。後來他到普林斯頓大學就讀，卻沒有選修資訊科學相關課程。在那個時候他認為電腦只是解決問題的手段而已。但遇到西摩爾‧派普特（Seymour Papert，電腦與學習領域先驅）之後，一切都改變了：「西摩爾是個徹頭徹尾的自造者，他讓我知道『電腦』可以讓更多小孩成為自造者！」於是，米契開始探索電腦的新用途，好了，各位讀者們，請你們猜猜看，米契讀研究所時做的第一個專題是什麼呢——他把樂高連上了電腦！米契和同學合作，試圖讓小朋友可以透過電腦來控制他們製作的樂高模型，這種「可用程式編寫的積木」也就成為

日後 LEGO Mindstorms（樂高心風暴 ）的基礎。直到今天，米契都跟樂高公司保持合作關係，從那之後，米契就專注於探索讓孩子們同時用「實體工具」與「數位工具」玩耍的方法。

米契也始終沒有忘卻他對運動的熱愛，每個禮拜都會跟朋友去打網球。另外，他也還是對統計感到著迷，每次打完球之後，米契都會記下比賽中的各種統計數字，他的球友是一位生物學家。每過一年，他們都會一起看看誰贏比較多次。有一年米契注意到統計資料中不對稱的現象：他的對手贏了70%的盤數，但是卻只贏了56%的比賽。為了搞懂這是怎麼一回事，米契就寫了一個程式（用他的Scratch軟體）模擬數據，同時他朋友則拿出生物學家的吃飯傢伙：用數學方程式來模擬。米契認為這是自造者精神的一部分，不管是他自己還是生物學家球友，都用自己的方式「藉由動手實作來了解這個世界」。

在前文當中，我引用了珍・維爾納（Jane Werner ）的觀察，她認為大人都忘了「自己動手做」的樂趣，但是孩子們沒有忘記。我認為跟米契還有他的學生們相處的時候，最棒的地方在於他們也沒有忘記「自己動手做」和「玩耍」的樂趣。說到麻省理工學院裡的實驗室，或許你會想到實驗衣或者無塵環境。但是，米契的實驗室可不是如此，他的實驗室非常明亮、充滿歡樂，時常人聲鼎沸，裡頭有許多色彩鮮豔的玩具，從樂高零件到黏土無所不包。雖然這所學校課業繁重、學生壓力很大，但是，米契創造了一個尊重「小孩」和「玩耍」的環境：「終生幼兒園團隊的宗旨是希望在社會上播下敢於創造的種子。我們試圖開發新的技術，保持像孩子們玩積木、蓋手印那樣的玩樂心情，讓人們擁有不一樣的學習經驗。我們的最終目標是讓世界上很多人都玩得開心又充滿創意，無時無刻都能為自己和他人開發新的可能性。」結果他的成果斐然，像是Scratch程式語言使用者就已經超過百萬了呢！

聲音的遊戲

最近，米契・瑞斯尼克的終生幼兒園團隊在研究生的群體中非常熱門，不過，他想要找的是怎麼樣的研究生呢？他希望研究生能製作有趣的專題，值得注意的是他並不在意學生的成績，「我比較在意他們能不能成為積極的社群成員。」

果不其然，他找到的學生都很有趣，這些學生都是才華洋溢的自造者呢！

米契帶領的研究團隊還有一項創新，就是所謂的「創意學習螺旋」（Creative Learning Spiral），這是他們團隊專題套用的學習方式。他們總是開玩笑說，螺旋五元素（想像、創造、玩耍、分享和反思）正好代表了團隊中的五個學生。那麼誰代表玩耍？答案是艾瑞克・羅森巴姆（Eric Rosenbaum）（見圖3-4），他曾說玩耍是「他的興趣、休閒嗜好以及他表達自己的方式。」他花了一輩子的時間尋找不同的方法玩耍，最近他開始發明新的遊戲讓大家玩！

想到「玩耍」這個詞，我通常會想到笑聲還有放蕩不羈的精力揮灑。但是艾瑞克說自己以前是個焦慮的小孩，這倒是讓我有點訝異。在任何事情發生之前，他都會想要預先知道結果。他覺得自己小時候對於充滿未知的「真實世界」有些恐懼，所以反而比較喜歡「充滿魔法的想像世界」，直到今天還是如此。不過好笑的是，我問他覺得自己小時候有什麼長處，他說他雖然焦慮，但是充滿彈性和創意，他認為這到如今還是沒有改變。「我還滿欣賞自己的創意能力和思考彈性，能用嶄新的角度看待問題。」

圖3-4 10歲的艾瑞克‧羅森巴姆（照片由本人提供）。

艾瑞克精力旺盛，而且總是匠心獨具，可以將事物以嶄新的方式結合而成為新的東西。這在許多方面都可以看出端倪：他開發過紙上遊戲、也做音樂的即興創作，另外，他也參與研發創意軟體與實體建築套件包。小學的時候他有個好朋友叫做艾倫，因為他家也住得不遠，他們常常一起花上整個下午來發揮創意，比方說他們會一起發明新的遊戲來玩：用動物玩偶來互相追逐、在樓梯跑上跑下、用威浮球[16]棒、被子、洗衣籃決鬥。還有他們也很喜歡骰子遊戲，為此開發出繁複的規則，像是花好幾了禮拜來做九局棒球賽的模擬等等，還有在危險星球上的冒險遊戲，開發出角色統計表（包括外星生物學家、忍者等）、遊戲規則說明、手繪遊戲地圖（見圖3-5）、彩色手繪外星人

16　Wiffleball，為一種改良過的安全類棒球。威浮球有特製的塑膠球棒。

與雷射槍（見圖3-6）！另外，他們也會改修改現存的遊戲，比方說用木紋方塊當棋子在棋盤上玩等等。

國中快結束的時候，艾瑞克開始跟朋友玩說故事的遊戲，共同創作一個想像的世界，他們一起畫了地圖、插畫，點上蠟燭，用紙板、木料和蠟來做道具。當然這些東西都是在地下室偷偷做的，讓同學知道就不酷了，對吧？在祕密地下室說故事的遊戲，助長了艾瑞克那日益勃發的想像力。

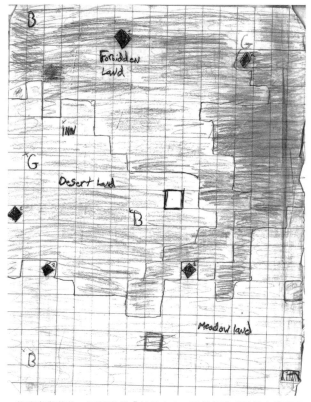

圖3-5 艾瑞克與艾倫一同開發的「外星人！」遊戲地圖（圖片由艾瑞克‧羅森巴姆繪製）。

圖3-6 艾瑞克與艾倫一同開發的「外星人！」遊戲中的生物（圖片由艾瑞
克·羅森巴姆繪製）。

　　和米契·瑞斯尼克不同，艾瑞克並沒有從小就愛上數學，至少沒有
愛上數學課。「我是有能力進行抽象的數學運算，不過我並不特別著
迷。」對他來說這一切似乎毫無意義，反倒是高中的「爵士即興課
程」對他造成深遠的影響。小學時，艾瑞克在課堂上聽到〈當聖者邁
步前進時〉（When the Saints Go Marching In）這首歌，立刻就迷上
了長號的聲音，他父親在家也常常會播放爵士樂專輯，耳濡目染之下
也就產生了對音樂的熱情。在玩角色扮演遊戲的時候，艾瑞克要在祕
密基地裡進行，這樣比較酷。不過音樂就是另外一回事了，這個創意

世界將他帶進了全新的社交圈。比方說在中學的時候他加入了學校的爵士樂隊，他會幫他們演奏的段子想一些好笑的名字（像是「死亡藍調的冰冷之手」），這是他表達自我的一種方式，更重要的是，在表演和即興的過程中，艾瑞克培養出自信，因為表演和即興都需要面對未知的狀況並自我調整。

在聊天的過程當中，我不禁注意到艾瑞克小時候的玩樂活動似乎都不用什麼競爭，不管是角色扮演遊戲還是音樂即興創作，都只是一個過程，沒有輸贏的問題。於是我就追問了艾瑞克這部分的問題，結果他也有此自覺。即便到現在，他在和自造者互動的過程當中，他鮮少使用作業或者比賽這樣的形式：

> 「有作業就有成績，這意味著告訴孩子價值判斷來自外在權威，但是，我認為我們應該讓孩子知道他們自己有能力決定東西的價值，權威只是參考而已。至於比賽就更糟了，除了外在權威的問題之外，我們還宣告百分之九十九的孩子都失敗了，因為他們沒有贏。還有，這也意味著如果你沒有做到最好，就根本不值得做，我認為這對孩子造成很大的傷害。我覺得高中的時候就是因為競賽而失去對音樂的熱情。現在我知道自己的能力水平，也知道這樣的能力可以達成什麼事情，我覺得這樣的我比較快樂！」

做中玩，玩中做

最近，艾瑞克正要完成他的博士論文，題目是「玩樂中學音樂」，他希望能開發出新的途徑來培養人們的音樂創造力，讓小孩與大人可以創造出自己的樂器或樂曲。結果這些軟體得到超乎想像的成功。他開發的應用程式「MelodyMorph」（旋律巧手玩）可以讓使用者開發自己的互動式樂器，選擇樂器樣式、音符、音色並進行客製化調整。另外他還開發了另外一個應用程式「Singing Fingers」（聽手指在唱歌），讓孩子們可以用「音符」作畫，創造出數位互動式音樂繪畫。最近他開始和視覺藝術家合作，希望能開發出實體繪畫音樂技術，讓使用者在觸碰到實體畫作時可以觸發音樂旋律。

不過，艾瑞克最富盛名的專題還是「MaKey MaKey」，這是他跟另一位研究生杰・希爾弗（Jay Silver）合作開發的專題，MaKey MaKey是一款開源電路板（open source circuit board），可以讓你把日常生活中的物品（像是植物、水果或者朋友）變成電腦鍵盤，這一款套件包的目的在於讓老師們鼓勵孩子「自己動手做」，讓孩子們把整個世界都看成一個大玩具。不過這可不只用在小孩子身上喔！比方說，輔助科技研究者用這款套件包來發展行動不便人士專用的介面，像Play-Doh這一款遊戲機就可以從輪椅延伸出來，讓坐在輪椅上的小朋友體驗賽車的感覺！還有樂手也可以用這款套件包來增加樂器的功能，甚至發明全新的樂器上臺演出也沒有問題，或者在音樂影片中使用也會非常有趣！此外不管是研究生、藝術家、設計師、廣告公司、博物館教育者、軟體工程師都把MaKeyMakey視為發想與創作的新方式。「開發這個工具的目的在於讓人們發現自己的『生產力』，使得人們可以親自去嘗試、產生新的點子，我想，這就是我來到終生幼兒園團隊的初衷。」

　　在撰寫這本書的過程當中，我看到許多自造者在「自己動手做」的路上開天闢地，但是有時候有點難以分辨他們是在工作還是在玩耍。所以我就問艾瑞克「閒暇時間」有什麼娛樂？他說他最近有參與一個音樂即興團練活動，還有週末要跟和米契・瑞斯尼克吃一頓早午餐。我說很多人可能不覺得和指導教授吃早午餐是一種「娛樂」。聽到我這麼說他忍不住笑了，然後跟我說：「嗯，我的休閒娛樂跟實驗室的工作好像有點難分開，也就是說，我覺得有趣的事情正好也是我工作的一部份。」我不認為這是工作與休閒難以分開的問題，反倒覺得這是絕妙的融合。

　　目前，我的學術研究重心都放在「玩樂的重要性」這個議題上。在大學工學院教了幾年書、做了幾年研究（設計熟年商品的專題），雖然我覺得這也是相當重要的議題，但我逐漸發現，大學之前的教育影響深遠，尤其是科技知能的養成非常重要，這才是我的熱情所在啊！我希望能讓孩子在這段時間培養科技相關知能，我相信這可以改變世界！所以我把實驗室原本的助行器、安養之家的參訪資料給清出去

了，換成顏料、黏土和小孩子進來。

在大學開設工學課程時，我發現很多學生對於電力與線路的基本原理並不了解。那個時候我女兒接近週歲，我就在想，那我要怎麼教她電路相關的知識呢？比方說，莉亞·畢克立（Leah Buechley，在本書第七章有詳述）這樣的自造者就開發了融合「編織」或「繪畫」的電路板。因此我決定給一位主修工程的大一學生山謬爾·強生（Samuel Johnson）一個挑戰，我們兩個一起花了一個暑假，試著開發可雕塑的電路板。於是我們開始閱讀學術文獻（比如「雨天與小孩可以做的一千零一件事」（1,001 Things to Do with your Toddler on a Rainy Day）這類的書）。然後，我們在實驗室裡擺上一大堆色彩繽紛的黏土，質地、香味和電阻特性各異。漫長的暑假結束之後，山謬爾和我開發出一些無毒、導電或者不導電的黏土材料，結果「黏呼呼電路板」（Squishy Circuits）就這麼誕生了！時至今日，我們很高興地看到黏呼呼電路板廣泛運用於世界各地的學校和博物館，這個產品開發宗旨是邀請孩子們來「玩」電路（見圖3-7）。看起來，我們並沒有背離初衷。

圖3-7 小朋友用導電和絕緣的黏土製作「黏呼呼電路板」專題。

很少人看到黏土跟LED擺在那邊的時候不會想「玩」一下，黏土的觸感、香氣加上燈光和蜂鳴器，這樣的感官饗宴實在太過誘人了！後來這甚至變成我們實驗室的入門「試煉」。如果有人對於我們「玩耍學習研究室」有興趣，我就會先試著安排讓他玩黏呼呼電路板。通常玩的過程會帶來一些笑聲，學生也會從中想到一些可能的研究方向。不過偶爾我也會得到完全不一樣的回饋，像是：「到底在幹嘛？」「這到底有什麼用？」等等。想當然爾，如果他們對此沒有興趣，之後也不會成為我們實驗室的一份子了。 我認為如果在玩黏土的過程中玩得不開心，那我們合作起來大概也不會太有趣吧。的確，我發現我們團隊中最棒的夥伴也正是我們最棒的玩伴呢！

　　我們在第四章會談到，許多小小自造者都對爆炸、燃燒、移動的物體非常感興趣，這些孩子們並不是想要製造麻煩，只是有著赤子的好奇心、想要在玩耍的過程中認識這個世界而已。他們的確是在玩沒有錯，但是，你會看到這些自造者長大成人之後，都有小時候「玩耍」經驗帶來的影響。

　　我認為，「玩耍」是人類成長發展的必要條件，這根本沒得商量，絕對不是「如果有時間的話，或許可以玩玩吧」！「玩耍」並不花錢，我們不需要給小孩昂貴的玩具或者運動設備，但是他們需要「玩耍」的時間以及我們的鼓勵。談到「玩耍」的定義，可以連結到第二章當中提到「探索未知」的好奇心。所謂「玩耍」就是選擇我們喜愛的事情來做，還有不需要擔心成果。這件事情我們無法為孩子代勞，要支持他們「玩耍」，最好的方法就是「後退一步」，不管身為老師也好、家長也罷，讓孩子們自由選擇前行之路吧！不管他們想要衝過這片原野，還是寫出一個程式，都讓他們可以放懷玩耍！

第四章 敢於冒險

自造者總是敢於冒險，

不怕嘗試之前沒有試過的事物。

這些故事裡時常包含各種各樣的爆炸、發亮、噴射什麼的，長大成人之後，這些自造者回首往事都覺很不可思議，到底為什麼他們小時候獲准玩這種危險的遊戲呢？在訪談的過程中，有一位算是爆破達人的受訪者告訴我：「等等喔，在接受訪談之前，我得先跟我的父母談談，我想知道他們在我小時候到底在想什麼！」

老實說，聽到這麼多「差點把自己殺死」的童年冒險故事，我也不太確定是否要將故事公諸於世。比方說我有個朋友說他小時候被打過兩次，其中一次是四歲的時候，他媽媽發現他在地下室玩，旁邊有許多用過的火柴，那個時候他似乎想要進行祕密「試爆」實驗。不過，幾乎所有分享這類經驗的大人都希望他們的孩子不要做這種危險的事。話雖這麼說，在撰寫本書時，我訪談了許多不同的自造者，很多人都有跟爆炸有關的童年經驗，我想，這大概不是巧合吧！

聽完這些故事，我不禁感到好奇，這些自造者如果小時候沒有這些經驗，會長成像今天這樣的大人嗎？

我訪談到的一位自造者現在已經是工程師了，他曾經寫過這樣一段話：

> 「我現在的工作要接觸危險的化學物質、機械、電流，甚至極端的溫度，我曾經受過傷（在家受的傷，不是工作場合），所幸並不嚴重。另外，我也看過身邊的人受傷，因此我現在對『安全』更有概念，知道如何評估風險。老實說，想起我童年的冒險經驗，我不禁為自己捏一把冷

汗，在許多關頭只要一個閃失，我就有可能會出很嚴重的意外。在我的一生當中，真正後悔的事情並不多，不過如果能重來一次，我可能會好好和十幾歲的我談談，有些事情真的是太危險了，就我所知，我身邊的人沒有因此受傷或什麼的，簡直就是上天眷顧啊！」

從火箭到機器人

有一位機械器材行的老闆曾經叮囑我要注意安全，後來我發現連他的童年都充滿冒險故事！在選擇訪談對象的時候，伍迪‧傅勞兒絲（Woodie Flowers，見圖4-1）第一個出現在我的腦海之中。他自稱美國路易斯安那州出品的「怪小孩」，擁有「鷹級童軍」[17]頭銜，現在是美國麻省理工學院的著名教授、第一機器人大賽（FIRST Robotics Competition）共同創辦人。我在就讀麻省理工學院時，很幸運參與他的實驗室，並修習他開設的「設計與製造導論」（Introduction to Design and Manufacturing）課程。雖然我大學的時候主修海洋工程，但是因為我很想要向懂得創意發想和實際執行的老師求教，就選了這位老師開的課。就在二十歲的那一年吧，我因為這門課少睡了很多覺，課堂用的工具最後不是差點拿來切掉自己某個身體部位，就是拿來證明自己似乎不是讀麻省理工的料。即便如此，伍迪老師總是願意為我付出時間心力，在一大早七點半就騎著他的單輪車滑過走廊，看看我的設計，或者不厭其煩地教我使用銑床。

傅勞兒絲一家人喜歡釣魚、打獵、露營、一起修車（見圖4-2），這也成為伍迪老師的幼年回憶。到了十幾歲的時候，伍迪和他的朋友迷上火箭，而且是貨真價實的火箭，於是他們找了朋友，從油田弄來油漆，那個時候買油漆會附一桶鉛粉，讓購買者自己調漆（那時鉛漆尚未因毒性而遭禁用），他們就在房子後面有一個工作室，自己調出含鉛和硫的燃料，試著做出火箭。有一次試射的時候，兩呎高的火箭跌落下來，四處亂竄，差點就把這一批鷹級童軍「帶走」了。過了沒多久，伍迪被請去校長室，校長要伍迪別再做火箭，實在是太危險

17　Eagle Scout，美國童軍的最高級別。

了。伍迪的中學生涯就去過這麼一次校長室，事後回想起來，他承認校長的建議滿好的，他沒有被火箭實驗弄死只能算是非常幸運。

圖4-1 伍迪和家人在路易斯安那州狩獵旅行時在沼澤地紮營（照片由本人提供）。

伍迪的爸爸教導他如何在製作專題時不發生危險，並做出許多東西。他說爸爸教會他的東西比大學四年都還要多！小時候伍迪沒事常常在爸爸的焊接工作室打轉，耳濡目染之下也學會照料各種各樣的機器。因為家裡經濟並不寬裕，中學的時候伍迪也沒辦法自己買車。後來有一位親戚給了他一臺1947年的老車，那臺車破舊不堪，輪子都歪一邊去了。伍迪想要把那臺車改造成有型的老車。他爸爸聽到他的構想，就說：「好啊[18]，我可以幫你一起做，但是一旦決定要做，就要做到好喔！」於是他們兩個就一起開始這項苦差事，想要做出一輛「大砲鄉村老爺車」，使用V8引擎，希望這臺車的加速度稱霸全鎮。其實除了汽車和火箭之外，伍迪還有很多興趣，比方說他也喜歡收集蝴蝶標本，這也為他贏了一次科學展覽，題目是「環境對鱗翅目動物（也就是蝴蝶所屬的那個目）的影響」。

18 原文為"It's okay, Scooter"，出自某童書名（http://www.amazon.com/Its-Ok-Scooter-Childrens-Book/dp/1507623720/）。

圖4-2 姆指受傷的小伍迪,他表示這在他小時候簡直是家常便飯(照片由本
　　　人提供)。

　　伍迪這輩子都在教別人怎麼「做東西」,就像他爸爸將這些技術
傳授給他那樣代代相傳。在麻省理工學院讀工學博士班的同時,他
也在波士頓藝術博物館附設學院(School of the Museum of Fine Arts,
Boston,簡稱SMFA或Museum School)副修藝術,後來因為他善於
將構想化為實際的事物,於是獲聘為建築學院的教學助理。他認為
「親自動手做」是最好的學習方式,但是他也了解為什麼許多環境不
允許這樣的教學方式。「這樣的學習方式充滿意外,我知道許多家
長會感到害怕,覺得孩子遭遇的環境刺激必須受到控制。」伍迪在
麻省理工學院開設「設計與製造導論」課程(Introduction to Design
and Manufacturing),在這門課當中,每一位學生都需要做出一臺機

器，學期末會進行比賽，在伍迪的經營之下，這場比賽變成學校裡最受矚目的盛事之一。同時伍迪提倡「君子風度」，大家同場較勁、互相砥礪、不傷和氣，不會到兵戎相見的程度（他說，所謂「君子風度」就是「全力以赴比賽，但彼此相待以禮」）。

除了教課之外，伍迪創立「第一機器人大賽」，激發了世界各地成千上萬孩童對機器人的想像，每一年這場比賽都有超過三十萬名學生參加。選手來自超過六十個國家、花費六週製作機器來比賽，這場比賽不僅需要傑出的工程技術，也需要君子風度才能勝出。我曾經在這場比賽擔任評審，當我走過參賽隊伍時，看到隊員們都帶著護目鏡且互相幫忙，對自己的專題充滿熱情。很多參賽者都初入行，拿著可能會造成危險的裝備，搞定超過一百磅重的機器人，比賽場地中到處都可以看到亂竄的火箭。這次大賽中還有一場特別的安全須知影片競賽可以參加。

取得技能

當我坐下來和克里斯蒂・坎尼達（Christy Canida）聊天的時候，她給我看了最近去獵鴨子的照片。她女兒克兒薇黛（Corvidae，見圖4-3）聽說要去獵鴨子，很興奮地也想跟著去。母女倆就這樣穿著打獵的裝備，頂著大清早的冷風出發了。哎呀，結果克兒薇黛不知道她不能參與實槍射擊的部分，因此非常不開心，甚至掉了幾滴眼淚。這可以理解啦，因為克兒薇黛對野外活動非常在行，她是舊金山灣區追蹤者求生技能社團（Bay Area Tracker）的成員，非常活躍，她在那邊學會生火、劈柴、定向等等。還有，她好早就學會做炒蛋囉，家裡的炒蛋都是她在做，也很喜歡參與其他家庭活動。所以比起其他四歲的小朋友，克兒薇黛除了會吃，也比較知道食物是哪裡來的，在家的時候也常常會進廚房幫忙。

克里斯蒂和丈夫艾瑞克希望可以讓孩子知道自己的極限，並在學習的過程當中學到有用的技術。艾瑞克希望孩子可以「廣泛學習一般性的知識和技術，並專精於他們有興趣的領域。最後，希望他們在做危險的事情的時候也可以安然完成」。

圖4-3 克兒薇黛手上拿著母親第一次參加狩獵打到的鴨子（照片由克里斯蒂·坎尼達提供）。

克里斯蒂認為小時候受些小傷很重要，這樣孩子才能在這些經驗中了解自己的極限，藉此避免更大的傷害。因此克里斯蒂鼓勵孩子從不同的高度跳下來，在過程中教孩子如何著地，並從中測試他們安全落地的極限高度。在他們家裡時常可以聽到這樣的對話：

> 孩子：「媽，我可以去做（某件不失控但有點冒險的事）
> 嗎？」
> 母親：「如果受傷的話，我會怎麼跟你說？」
> 孩子：「舔一下傷口就沒事了。」
> 母親：「沒錯，所以你自己決定吧！」

這個時代流行一種文化，好像孩童安全是「嘴上功夫」，不難想像，許多家長都不能苟同「舔一下傷口就沒事了」這種教育理念。克里斯蒂說，她還曾經因此被陌生人指責。前陣子她帶著小朋友到了一個兒童博物館參觀，克兒薇黛在兒童玩樂區爬來爬去，後來被絆了一下，打了個噴嚏。克里斯蒂就在旁邊看著，一副慢條斯理的樣子，也不出聲，等著克兒薇黛自己解決這個狀況。結果旁邊有一位女士看到這個情形，就衝過去把克兒薇黛扶起來，安慰道：「可憐的小心肝，妳沒事吧？」並對克里斯蒂怒目而視。後來，克兒薇黛表示她覺得這位阿姨有點反應過度，她對跌倒可能造成的瘀青不太擔心，反倒有點害怕突然接近她的陌生人。此外，克兒薇黛和她兄弟在家都要幫忙家務，父母親都覺得這樣對他們有益無害。

克里斯蒂在美國中西部的小鎮長大，據她說，那樣的環境特別適合培養孩子獨立自主的特質和自給自足的能力。在這個小鎮裡，如果她需要什麼特別的東西，大概就必須「自己動手作」才行，原因很簡單，她不能「直接在亞馬遜網路書店下訂單」。她爺爺大學的時候主修數學，在美國大蕭條時期長大，經過一段奮鬥打拚，最後才終於才拿到伯里亞學院[19]的學位。在克里斯蒂的印象中，爺爺幾乎無所不能，可以做出任何需要的東西，東西壞了到他手上也可以修好。出於崇拜之情，克里斯蒂和兄弟沒事就會去爺爺的店裡泡著。其實自給自足相對的就是責任承擔，在店裡，爺爺會教導他們使用工具，並提醒他們要珍惜這些設備，克里斯蒂還記得爺爺常常跟他們說：「如果你擁有工具，就有責任讓它保持乾淨。」

那麼，克里斯蒂的父母對孩子冒險的態度又是如何呢？，她和我說了煙火的故事，他們家的大人都很喜歡煙火跟火箭，也會跟小朋友說怎麼玩才不會受傷。克里斯蒂說她還不到十歲的時候就曾經和叔叔一起用瓶子施放煙火了。有一次因為發出很大的爆炸聲，警察跑來關切，這個時候叔叔居然躲起來了，只剩下她跟兄弟坐在火箭和打火機旁邊發愣。警察看到這一幕，就來跟他們說要怎麼放煙火才不會射到附近的帳篷，說完就離開了。顯然看到兩個小孩子在放煙火，警察認

19　Berea College，位於美國肯塔基州伯里亞市的小型文理學院。

為沒什麼大不了。儘管克里斯蒂這些豐富有趣的冒險故事，她的父母都有跟她強調安全第一。首先要知道工具的使用方式，並且了解自己的極限，才不會出大意外。

在聊到自己和孩子這一輩的童年經驗時，克里斯蒂提到現在的美國小孩和以前的小孩大不相同，我們對他們有不同的期待和限制，因此孩子學習到的能力也不一樣。當然很多家長會說危險的活動會導致孩子受傷；的確，克里斯蒂伸出雙手，上面滿是疤痕，不過她很得意地和我說，在三十歲之前她都沒有摔斷過骨頭！或許受點小傷害可以防止大意外吧！

度過充滿冒險的童年生活之後，克里斯蒂到麻省理工學院攻讀生物學位，畢業之後她在Instructables擔任社群行銷主管，負責教導並鼓勵人們互相交流彼此的專題成果。此外她自己也是多產的自造者，目前已上傳超過一百七十個專題，內容從手工嬰兒鞋、墨魚汁採集、動物標本製作到千姿百態的萬聖節服飾製作都有！

安全的定義

有一次，我在演講中提到孩童「自己動手做」的重要性，結束之後，有一位幼兒園老師跑來和我說，他們班上的小孩大致上都是三到四歲，即使要讓小朋友使用鉛筆，都需要大人一對一監督小孩才行，其他老師也來跟我說現在學校都不能教編織了，因為針可能會扎到手（有不只一個老師跟我說，編織牽涉到「共用針頭」的危險，這會讓孩子有錯誤的觀念）。不過，上有政策，下有對策，有一位博物館的員工就用「不會戳傷」的針頭教編織，讓孩子們將紗線穿過寬鬆的毛料。聽到這裡，我暗暗想著，我們是不是過度保護孩子了？克里斯蒂提到「用小意外預防大傷害」的策略看起來很合理，但是在我們的保護之下，孩子們似乎愈來愈難從「小意外」中學習了，連玩樂都被受限制。

我在幫孩子買需要的工具時，常常會遇到這個問題。大女兒四歲的時候，我覺得她已經可以開始學習操作某些工具了，因此我開始上網搜尋給孩子們玩的建築玩具，想要找到我小時候玩的那一種，裡面通常有膠水、釘子、鐵鎚，有時候甚至還有鋸子！通常玩具包裡會有一

個參考圖，讓我有一個範本可以模仿。但是我在為女兒尋找玩具包的時候，看到一款標榜可以蓋出真正建築的套件包，結果發現裡面是「泡棉」木磚、塑膠工具、塑膠釘子，更令我驚訝的是，標籤上寫著建議六到十五歲的孩子使用。不過就在幾分鐘之前吧，我還在看鑽頭、鐵鎚這些東西，現在看起來我要等到女兒上中學才能用囉？等等，到底年紀多大才叫做「夠大」啊？

看了一些兒童工具包的資訊，我發現時代真的不一樣了。以前我們信任孩子的能力，覺得他們可以實際操作真正的器械，在二十世紀初期，小學裡有手工藝課程是司空見慣的事，在1900年，在芝加哥大學附設小學執教的法蘭克・包爾（Frank Ball）曾經寫道：「現在，一個課程完備的小學不能缺少手工藝或工程課」[20]，1964年，西密西根大學工業教育學系的約翰・菲爾（John Feirer）和約翰・林德貝克（John Lindbeck）曾經寫了一本書，書裡提到每間小學都應該配有木工工作室，設備必須要維護良好，讓孩子們得以使用。因為「保養良好的工具不但犀利、安全、好用，而且使用起來更具趣味性」[21]，現在在討論「小學」教育時，好像不常跟「犀利」、「趣味性」這些詞彙兜在一起了。

其實，手作專題跟做音樂很類似。如果我們等到孩子們上大學才給他們真正的樂器，不是很荒唐嗎？但是現在我們看到許多學生到了大一才碰到真正的工具。有一位工學院的教授跟我說，他有一堂課開給大一的學生，班上有三十五個人，他詢問誰有用過鑽床，結果臺下沒有人舉手；接著教授問有沒有人小時候曾經把自己的玩具拆開過？結果又沒有人舉手，你相信嗎？這些是未來的工程師！

如果蕾諾・艾德曼（Lenore Edman，見圖4-4）也在前文提到的課堂中，她就可以舉手了（不過她大學主修的是一個跨領域學程，學程主要的重點放在英語與希臘語）。蕾諾・艾德曼和丈夫溫多・奧斯

---

20 John Dewey, The Elementary School Record （Chicago: University of Chicago Press, 1900.）

21 Feirer, John Louis, and John Robert Lindbeck. Industrial Arts Education （Washington: The Center for Applied Research in Education, 1964.）

蓋（Windell Oskay）一同創辦了「邪惡瘋狂科學實驗室」（ Evil Mad Scientist Laboratories）公司，主要的業務是設計、生產與銷售DIY套件包。她自己也喜歡製作專題，曾經做過木製機械式電腦，用滾珠軸承來解決數學問題、把iPad doodle（繪畫應用程式）變成水彩畫的機器人，可感知使用者動作並做出回應的家具等等。

圖4-4 蕾諾手上拿著自己小學一年級時的照片。如果仔細看的話，會發現她戴著和照片中一樣的耳環喔！（照片由本人提供）

蕾諾小學的時候，就曾經幫爸爸一起設計並蓋出三層樓的樹屋（見圖4-5），材料都是附近找來的。時至今日，她還可以鉅細靡遺地和我描述那個樹屋的設計特色。我問她，那她父親從幾歲開始讓她使用真正的工具呢？蕾諾說這個問題可考倒她了，因為她不記得自己幾歲之前被禁止使用真正的工具。因為爸爸發現蕾諾對「自己動手做」很有興趣，所以總是放著一些木料、一桶釘子和一根鐵鎚，只要想做什麼東西，就可以直接開始！就算是她那時兩歲大的弟弟也可以拿鐵鎚跟釘子起來玩呢！

圖4-5 蕾諾家人就地取材製作的三層樹屋（照片由馬爾洛・艾德曼提供）。

化學套件包

在1960年代，如果孩子對爆炸、火焰有興趣，常常會參考《化學實驗金典》（The Golden Book of Chemistry Experiments），這本書建議大人要陪著小孩做實驗，在陪伴的過程中，大人也會學到東西。比方說，這本書有教小孩製作氯氣，當然書裡有提到可能的危險性，但是作者和出版者認為只要有適當的陪伴和監督，小朋友可以勝任這樣的化學實驗。現在讓我們來看看今天市面上的孩童化學套件包，包裝上標榜可以讓孩子玩有趣的化學活動，不過也就在同樣的包裝上，寫著「不含任何化學物質」。

1960年代還有另外一個套件包，叫做「原子能實驗室」（Atomic Energy Lab）也是給小朋友玩的。聖・湯瑪斯大學（University of St. Thomas）的傑佛瑞・傑克歐（Jeffrey Jalkio）教授小時候不但擁有這

個套件包，也讀了《化學實驗金典》。聽說我在到處發掘自造者的童年故事之後，他就找了他小時候的玩具給我看。好吧，我以為《化學實驗金典》已經算是「危險孩童實驗書籍」的登峰造極之作，結果傑佛瑞・傑克歐（Jeffrey Jalkio）跟我分享的「輻射」套件包使用手冊更加「危險」，不過這也就是信任孩子可以「承擔風險」的證明。只是傑佛瑞表示，他小時候不知道自己有這一套玩具，他是最近才在母親的閣樓裡發現的。顯然即使傑佛瑞的母親敢讓他嘗試許多有趣的玩具，對於輻射物質還是有一點擔憂。

信任自己的孩子

聽了這麼多自造者與真正工具的冒險故事後，我更加堅定，希望能讓女兒開始接觸木工，但是我沒有想到這會是個艱鉅的任務。首先，我先去了一趟附近的「big box」五金／家庭修繕行，到了之後，我在「工具」那一條走道旁邊向店員詢問一些資訊，聽到我說要買工具給小孩，店員臉上立刻出現了不自在的神情，他說他們的工具不是賣給小孩用的，接著又問我女兒多大了。好吧，我必須承認我說了謊，我跟他說我女兒八歲（結果他們根本無法理解我要為八歲的小孩找什麼東西，更別說四歲了）。聽到這裡他眼睛都瞪大了：「八歲？年紀很小！我到中學才接開始觸木工，而且就我所知，現在那所學校也不再開設木工課了！妳確定是要為八歲的小孩找工具嗎？」好吧，我想這樣是行不通的，所以我決定離開那家店。

後來我跑到別間店買禮物，要回車上的時候，我在轉角看到一間小五金行，我就臨時起意地走了進去，也沒有抱什麼期望。結果當我跟他們說我要買工具給我女兒時，兩個店員就跳起來了，一個建議我買比較小一點的鎚子，他們才剛賣了一支給一對父子，另一位店員帶我走進走道裡看工具，接著他們就問了「那個問題」：「所以，請問你女兒多大？」我說四歲，他們就點了點頭，說還滿小的，不過沒再多說什麼。就這樣，我買到給女兒的工具組，她就拿著這些工具開始幫娃娃做家具之類的。這種街角的五金行就是這樣，裡頭的店員一輩子都在操作這些工具，也希望將這樣的熱情傳承給下一代，我相信在

我女兒長大的過程中，這樣的五金行會變成他們的寶庫。唉，可惜的是，這種商店很難跟「big-box」這種大型連鎖店競爭，我後來又經過那個街角時，那間店已經變成幫寵物拍沙龍照的店家了。

雖然這麼說，我還是不會把傑佛瑞的「輻射」套件包借來給女兒玩（大概永遠不會），也偷偷希望女兒不會愛上爆炸之類的玩意，但是和克里斯蒂、蕾諾、伍迪聊過之後，我的確重新思考讓孩子「冒險」這件事情。我的小女兒從兩歲就開始用真的針學習裁縫了，六歲的女兒則可以獨立使用縫紉機，騎腳踏車也不用輔助輪，小女兒現在三歲，可以自己走到鄰居家的「小小免費圖書館」借書也不成問題。我們生活的環境中有很多潛在的危險，但是，我知道不冒任何風險是不可能的，而且這也不是個好辦法。我想，讓女兒背包裡總是備著繃帶或許是個好主意吧！

可接受的風險

所以我們到底可以承受多大的風險呢？要怎麼教導不同年齡的自造者去評估風險？有人說要「相信自己的直覺」，關於這一點，我認為餐飲業者尼克·克考納斯（Nick Kokonas）說得很好，他說他曾經向朋友詢問餐館經營的事情，朋友給他的建議是：「如果你晚上不會難過得睡不著，那就不叫『過分冒險』；如果你因為做了某件事，一直吐個不停，那就是『太冒險了』；一直覺得稍微有些反胃正是最佳狀態。」尼克現在也為人父，同時他也是一位「自造者」。聊到這裡，我問他會不會把這樣的建議也應用在孩童教養上。他說他希望小孩可以把這樣的態度應用在學業、商業或者藝術上，不過為人父母的總是擔心自己孩子的安危。這樣說來，他小時候也不常冒險犯難囉？結果事實並非如此，尼克跟我分享了一個在後院的爆炸事件：

> 有一次我把D號Estes型火箭引擎的火藥清出來，用紙巾包好，放進泡沫塑料製的杯子裡面，然後，點火！就在下一秒我看到了白色蕈狀雲，那是真的很讓人印象深刻。但是那個時候，我覺得沒有親眼看到爆炸有點可惜，於是我翻遍了圖書館的書，希望可以找到炸藥或炸彈的作法。如

果這件事發生在今天的話，我肯定會被抓進牢裡關吧？但是我不是想要傷害別人，我只是喜歡爆炸而已啊！

　　不管怎麼樣，後來我無意間得知爆炸需要『壓縮』，所以我就到附近的十元商店買了更多火箭引擎，把火藥清空之後搜集起來磨碎（我不知道從哪裡學來的，這樣好像會燃燒得比較快），放進一個空的阿斯匹靈[22]罐子裡，在罐子頂部鑽上一個洞，放上長長一根煙火的芯。接下來用寬膠帶把整個罐子纏起來，纏得像一個大炮彈一樣。大功告成之後，我在後院挖了個小洞，讓我的砲彈一半在洞裡、一半在洞外，點火！點完之後我就走到大概十英呎外躲起來，那個時候，我完全不知道結果會怎樣，不過那場爆炸可是玩真的！有一位鄰居家的玻璃震破了（他們家至少離了五十碼遠），還有聽到那個爆炸聲，我也耳鳴了好一陣子，才過沒多久，消防隊就到了，我爸回家的時候，消防車還停在附近。於是我亂編了一個故事，說玩具火箭有問題，裡頭的火藥加得太多什麼的。消防隊員沒有多問什麼，不過我爸知道事情絕對沒有這麼簡單。你猜得沒錯，我從來沒有跟我的小孩講過這個故事！

跟許多自造者一樣，尼克也不知道到底該不該允許自己的小孩把東西給炸掉：「時代不一樣了，在以前別人會覺得我是個很聰明的孩子，不過現在他們可能把我看成恐怖份子吧！」經過百般思量，尼克覺得自己還是會讓孩子試試看，但是，「我可不想看到影片被放上YouTube！」，尼克的猶豫和思量充分顯示他對孩子的安全擔心。

每一個跟我分享幼年「爆炸」經驗的自造者都不確定是不是該讓自己的孩子也冒這樣的險，對於孩子使用工具的適當年齡也有諸多討論。隨著時代的改變，我們對孩童「安全」的定義也與以前不同。但是，如果我們不讓孩子承擔風險，要怎麼讓他們學會創新呢？正如克里斯蒂・坎尼達（Christy Canida）所言，我們的任務是教導孩子「安然處理危險的任務」，畢竟我們隨時隨地都在面對新的挑戰，不管是過馬路、還是造一條新的船，都不一定會風平浪靜啊！

22　鎮痛、解熱、消炎、抗凝血用藥物。

第五章 勇於承擔

自造者總是勇於承擔，
他們願意負起責任，著手進行對他人有益的專題。

我剛開始在明尼蘇達州教書的時候，常聽到工科的老教授傳唱的一首歌：「噢，農村小孩已經不復存在了，但日子還是得過下去啊。」過了好一陣子，等我逐漸了解美國中西部的工程文化之後，才慢慢懂得他們的心情。傳統上，許多我們學校的工程學生都有深厚的農村背景，進入大學之前，這些學生就已經有許多親手打造與維護機械裝置的經驗。就在我們州裡，一位（美國）前財富五百大（Fortune 500）的公司執行長和我說，他的「夢幻技術員工」就是擁有理工博士學位的農村小孩，而符合這個條件的求職者不但不多，還在逐漸減少之中。對於這樣的公司負責人，我建議他們不妨改為尋找「自造者」吧！

農村小孩

「農村小孩」因為生長背景培養的技能受到廣泛討論，但是，我認為這只是這個群體共享的其中一項特質。在農村當中，所有成員要齊心協力完成自己的工作，日常生活才得以維繫。因此，許多農村小孩都有很強的責任感。史帝夫・荷弗（Steve Hoefer，見圖 5-1）就是這樣的一個農村小孩，現在他是一位設計師，專門幫不同公司解決技術問題。此外，他也做了很多「自己動手做」的影片在網路上分享。幼時的農村生活經驗對他來說非常珍貴，他不但可以實際操作真正的工具，更重要的是，所有的家庭成員都知道自己有工作要承擔，使得農務得以完成。在農場裡，就算是很小的小朋友也可以幫上忙，或者說，他們必須要幫忙才行，史帝夫說，在農場裡如果看到鬆掉的螺

栓，上去拴緊是理所應當的，每個人都知道自己該這麼做。原因很簡單，整家人都要靠這個農場維生，所以每個人都要幫忙把事情完成。

另外史帝夫也提到，農村生活也讓他學會尊重專業、人不可貌相。許多人擁有某些天賦，在一起工作的時候才會展露出來（見圖5-2）。

圖5-1 十一歲的史帝夫·荷弗在做園藝工作（照片由珍·荷弗Jean Hoefer提供）。

長大成人之後，史帝夫對自己適應環境的能力感到自豪，即使面對不確定的狀況也可以將工作完成。這些特質加上紮實的技術能力，使得索尼、微軟和跳蛙（Leapfrog，為美國一教育娛樂公司）這些公司願意來向史帝夫尋求協助，不管是製作產品設計原型或產品構想等等。史帝夫開發的問題解決方法講求效率、把錢花在刀口上並兼顧創新，為許多專案增添新意，這和他小時候受到的訓練並無二致。史帝夫說，他小時候每天的任務大概就是「去做某件之前從來沒做過的事，想辦法弄清楚怎麼做、從中學習，可以的話，找出更有效率的解決方式。」他說，他還記得「通常我們會有一些重要的例行任務，另外的部分我們就要自己搞懂事情該怎麼做了，靠手邊的工具或材料來完成。最後我們幾乎都有辦法達成任務，不過即使沒有成功，也不是什麼世界末日。」

我問他，小時候會被賦予怎麼樣的責任呢？關於這個問題，史帝夫

有許多的故事可以說，不過他印象最深的故事似乎來自他最早的記憶。大概五歲的時候吧，他家人騎著牛往返兩個牧場之間，距離大概是半英哩左右，那個時候史帝夫還很矮小，「牛低頭的時候可以看到史帝夫的頭頂」。即使如此，史帝夫的爸爸還是分派給他一項任務，爸爸給了史帝夫一根棍子，然後叫他站在目的地牧場的門口，等到牛群抵達的時候，史帝夫要引導牛群進入牧場。

得到任務之後，大人們就到牛群後方去趕牛了。直到現在，史帝夫對於那一天依舊印象深刻：

> 「我還記得，那時候滿心期待、渾身流汗，等著牛群出現。我的個頭就那麼小一個，不管哪一頭牛都可以輕易地把我撂倒，而且牠們踩過我的話根本不會發現。雖然手上拿著竹竿，我也不覺得自己因此而特別強壯。如果我的任務失敗，沒有把牛群導引到正確的位置，牛群就會自顧自地奔進鄰居的農場中了，如果真是那樣的話，就會是場十足的災難。不過我爸爸對牛隻的習性很了解，他知道牛群看到敞開的大門以及門後可口的青草，不可能會放棄飽餐一頓的機會，所以其實我只要發出足夠的聲響，引起牛群的注意就行了。彷彿過了好久好久之後，牛群終於朝我這邊跑過來了，我把棍子抓在小小的手上，使盡全力大叫並搖晃那枝棍子，結果事情就是這麼單純！帶頭的牛隻左右看了看，看到門後的青草，就往我們家的牧場跑來，後頭的牛就跟了進來。」

想像一下，這個小男孩光用一根棍子就把牛群導引到正確的位置，這對他來造成多麼大的成就感啊！更重要的是，史帝夫的爸爸相信孩子的能力，將這個任務交到小小史帝夫手上，史帝夫對於這股成就感印象深刻，「在那之後，我知道一個小男孩只要拿著棍子就可以導引整個牛群」。如果孩子有機會嘗試一個重要任務，並且在任務中取得成果，長大之後他們會對自己更有自信，面對新挑戰時有更多想法。如果一個小孩五歲的時候就可以牧牛，那十歲的時候可以接下怎麼樣的挑戰呢？二十歲的時候又可以達成怎麼樣的任務？這種「人生充滿可能」的信仰顯然與史帝夫的生長經驗有關。

這種農村小孩的故事我聽過許多，即使長大之後遠離田園，幼年的農村工作記憶顯然對於他們的成年生活有所影響。比方説，「團隊合作」至關重要，我和許多自造者聊過，他們大多很願意在團隊中扮演角色並與他人合作。另外我的訪談對象大部分都住在都市裡，結果發現許多人都曾經在農場上度過部分童年時光，説起來還滿讓人訝異的。其中有些人只是去拜訪爺爺奶奶或者其他親戚，即使造訪時間不長，卻在這些自造者身上造成深遠的影響。

圖5-2 姐姐在教導四歲的史帝夫・荷弗與螞蟻有關的知識（照片由珍・荷弗提供）。

奶油抹刀與錄放影機

對我們這些沒有農村童年的人來説，知道不必在農村也可以學會承擔責任這件事讓人鬆一口氣。露絲・李瓦斯（Luz Rivas，見圖5-3）是一位工程師，同時也是 DIY Girls（自己動手吧，女孩們）的創辦人，她在洛杉磯長大，家裡只有母親和一位姐妹。從很小的時候開始，家裡如果有什麼東西壞了或者需要組裝，事情就會落到露絲身上。她説在傳統文化中這並不尋常。「如果家裡有男人，通常就是男人在修理，不過我家那時候沒有男人就是了。」所以露絲就承擔起這個責任，幫忙修理東西、四處敲敲打打。「只要有東西要修理她們就會叫我來弄。大概六歲的時候吧，她們就已經會説『露絲！我們剛買

了這個新玩意兒，可不可以請妳搞清楚要怎麼接線呢？』」所以，露絲修過電視的天線、組裝過家裡的錄放影機，還有一次，即使接頭有問題，露絲還是獨立組裝好一臺雅達利（Atari）主機，那個時候露絲才八歲，花了好幾個小時才搞定。但是她沒有抱怨，因為她認為這是自己在家中該負起的責任。

露絲對她的分工角色嚴肅以待，在挑戰艱鉅的時候尤為如此。從很小的時候開始，這份決心在她身上慢慢孕育出對成就感的渴望。即使後來露絲離家去上大學，她媽媽或姐妹也還是會打電話問她電路組裝之類的問題呢！

圖5-3. 露絲・李瓦斯小時候的照片（照片由本人提供）。

許多專題的第一步都是找出需要的工具，但是因為家裡的工具並不多，這個時候露絲就會臨場發揮，比方說如果找不到十字螺絲起子，她就會找奶油抹刀來嘗試，同時跟母親和姐妹說：「很酷吧，奶油抹刀又不一定要拿來抹奶油！」後來她又在工具箱裡補充了一把牛排刀！在講這些故事的時候，露絲忍不住笑了起來，「我的天啊，為什麼我都要用餐具呢？很簡單，我就是在家裡到處找，看看有什麼東西可以用！」

露絲認為，創造力和臨場發揮是自造者的重要能力。對她來說，所謂的自造者，就是要「利用手邊可得的資源將構想付諸實現」。她從小在洛杉磯長大，周圍有許多來自墨西哥的移民，直到現在她都深知社區中充滿了各種各樣的自造者。只要與街坊鄰居們互動，很快就會知道誰有什麼專長。有的鄰居「可以用金屬做出任何東西」、有些人則擅長縫紉。比方說，露絲的奶奶就很會做衣服。雖然露絲從來沒有見過奶奶，但是提到奶奶的時候卻充滿驕傲。小時候媽媽就常常說起奶奶的故事，奶奶在墨西哥的社區中很有名，雖然沒有受過專門訓練，但是奶奶只要看到穿衣服的主人，就可以幫他做出很棒的衣服，不需要任何參考圖樣。因為這項獨門絕活，奶奶不但能為家人服務，也成為社區中不可缺少的一份子。

露絲除了對家庭和社區付出心力，對賦予女性技術也不遺餘力，讓人激賞。她在加州理工學院擔任推廣計畫的助理主持人，推動社區科學與工程教育，不僅協助訂定西班牙裔職業工程師團體（Society of Hispanic Professional Engineers）的章程，也曾開發孩童與家庭用科技課程，每一項經歷都嘉惠許多自造者，而且露絲還有更多豐功偉業不及備載。

三年前，露絲創立了DIY Girls這個非營利組織，總部設於美國洛杉磯，主要提供她實作專題的學習經驗，希望能提升女性對科技、工程、和「自己動手做」的興趣與熱誠。如果你有看過露絲的推特，會發現許多年輕女孩的照片，可能是專注地看著焊鐵，或者思考某一個程式碼要怎麼寫等等。露絲也特別關注女性小學學童，傳統上，女性在某些科目上參與度較低，露絲希望可以提升女孩們在些科目上的信心，「我希望女孩們畢業進入中學的時候，對於科技類的知識與技術更有自信，在小學的階段就讓她們累積相關的成功經驗。」

露絲和艾瑞克・羅森巴姆（見第三章）一樣，對於「競賽」這件事情非常謹慎。大部分的比賽都有許多規則和限制；比方說，由於比賽通常會限制時間，導致小組當中手腳很快的小朋友承擔許多壓力，慢工出細活的小朋友可能會被甩在後頭。好幾年前，露絲曾經帶一隊小朋友參加機器人比賽，結果就在比賽的時候，露絲隊做出來的機器人

壞掉了，隊上有一個女孩子手腳飛快，就跳出來要修那個機器人，其他成員和露絲都對她大喊：「先不要修！」原因是碰到那臺機器會扣分。結果，那個小女孩就哭了，可能是因為差點害隊友被扣分的關係。露絲對這條規則感到非常不解，就問了：「這到底是為什麼？有東西壞掉的時候，我們為什麼要遏止孩子想要去修理的衝勁？對她大喊說不要修，會扣分！這條規則到底是要小朋友學到什麼道理啊？」最後，雖然沒有因為觸碰機器被扣分，他們的機器人表現也不算出眾，許多小隊上的女孩因此掉了眼淚。這次事件過後，露絲發現她希望孩子愛上「學習」本身，為了學習帶來的快樂而學習，比賽可能會造成反效果。露絲難掩得意地說，在DIY Girls的活動中，許多女孩會請露絲幫忙拍攝她們戴護目鏡認真工作的樣子。就像露絲自己小時候一樣，這些小女生對自己的能力產生信心，發現自己可以為家人或社群貢獻一己之力。

三輪車與程式碼

亞門‧米爾納（Amon Millner，見圖5-4）這位自造者也是從小開始「自己動手作」，他從很早就知道這對家庭的重要性。亞門五歲那年的聖誕節早上，非常興奮地發現家裡的聖誕樹下有一個全新閃亮的Big Wheel三輪車！不幸的是，亞門才剛跳上去，就學到什麼叫做「安裝不良」，因為組裝的時候沒有弄好，所以踏板動彈不得。但是亞門實在很想騎著這一臺車去附近蹓躂，於是決定自己來研究這臺車，最後發現有一個螺栓沒有鎖好。

亞門跟我說這個故事的時候特別提到，發現Big Wheel三輪車不會動的時候，五歲的他第一時間不是覺得沮喪，反而心中充滿能量，因為他知道他有修理和動手做的能力，可以把這件事情搞定。另外，這件事情也跟亞門的父親有關，雖然Big Wheel三輪車是父親組裝的卻沒有裝好，但是亞門對於父親還是心懷感恩，他認為這件事情好像是他人生的轉捩點，就在那一刻，亞門知道自己要把問題解決才行，這對他之後一生的想法都有所影響。亞門的爸媽都是教育人員（不過，對「自己動手做」出可用的東西並不特別感興趣），對亞門的興趣表

示支持。然而要在自造者這條路上繼續向前，亞門必須要向其他人尋求協助才行。比方說，他外公偶爾會從三千英哩外的家鄉來訪，來的時候，外公就會幫忙他們家敲敲打打，這個時候亞門就會也來湊上一腳。雖然相聚的日子並不長，但是亞門也在過程中學習到一些工具使用方式。

後來如果家裡有什麼東西壞了，亞門就會自告奮勇去修理，或者遇到這種情況的時候，家裡的其他人也會先想到亞門。關於這一點亞門有自己的想法：「每個人生來都是自造者，不過有些人可以保持這項能力，有些人則會慢慢失去這項能力。」從小，亞門身邊的人就會鼓勵他去修理、自己動手做等等，亞門認為，他的父母是超級英雄，提供所有他需要的東西。但是擁有豐富的資源還不夠，必須要實際去運用這些資源才行，還有修繕的目的在於節流，如果換上幾個零件、加上一些敲敲打打的功夫，就可以讓東西煥然一新，那就暫時不用買新的了。因此亞門的家人都對他的修繕本領讚賞不已。另外，拿壞掉的東西起來敲敲打打成本也比較低，東西壞掉之後，亞門再怎麼敲打，最多也就是丟到垃圾桶而已。不過亞門經手修理的東西很多都變得堪用，對他和家裡的其他人來說，這就像魔法一樣！

圖5-4 亞門・米爾納和姐妹在玩耍，把玻璃櫃假裝是電視（照片由亞門・米爾納提供）。

中學對亞門來說也是重要的轉折，那個時候亞門第一次接觸程式語言，他事後回想，認為他是在正確的時間點碰到好的機緣。那個時候他們學校正好得到平衡城鄉差距的補助項目，因此他們得到一間完整的電腦教室，還有專任的負責老師。在中學的幾年裡（以及人生接下來的許多年），亞門選修了所有學校可以選到的程式編寫相關課程（主要由摩爾老師開設），在這段日子裡他寫出許多電動遊戲（當然也自己玩了起來），事後回想起來記憶還是非常鮮明。

可惜的是，亞門高中的時候就沒有碰到專任的電腦老師了，資訊課程由學校指派一位數學老師任教。亞門感覺到老師態度的顯著不同，高中的老師不像摩爾那樣充滿熱情、衝勁十足，亞門也就少了一位精神導師帶領他在這個變化萬千的領域中前行。但是高中這一段時間的經歷也讓亞門發現自己對教學的興趣，如果老師不在，亞門就被指派為小老師。其實這跟亞門在家裡的角色一樣，亞門總是願意承擔責任，運用自己的知識和技術來幫助別人。有一次學校行政單位想要請高年級的學生來幫忙製作網頁，因為沒有其他人自願，就把工作交給亞門，卻沒人注意到亞門那時候只是個小學弟而已！

結果亞門做出來的網頁實在讓人驚嘆，後來學校對街的軟體公司想要找實習生，學校就推薦了那時候才十五歲的亞門！這就是亞門在新創公司找到的第一份工作，那時候他年紀還不夠考駕照呢！那時候，公司裡就四個人──「軟體哥」、「硬體哥」、「老闆」和高中生亞門。因為公司規模不大，亞門很快就接觸到各式各樣的知識和任務，從接線到編寫連接商用資料庫的程式無所不包，更棒的是，如果其他三個員工不在，他就可以假裝自己是老闆了！這對於亞門來說也是非常重要的經驗，據他自己說，他並不是什麼模範生，現在雖然在大學任教，但是如果當年高中的亞門要來申請就讀現在他任教的大學，恐怕還需要法外開恩，因為亞門高中的時候很多課都沒有修（比方說微積分）。儘管如此，因為他編寫的程式已經有市面上的大公司在用，這項經歷多少也彌補了他成績單上的不足。高中畢業之後，他就到南加州大學讀資訊科學。

亞門認為，自造者運動最重要的精神在於擁抱異己。從小亞門就體

認到教育者的想法可能導致理工科的教學人力無法有效發掘各種學生（不管是不同種族、性別等等）的理工天賦，這也跟亞門的生長歷程有關。亞門自己離開原本的學區，到一個高加索人（也就是白人）的學校。在那邊，學生們有很多機會可以迎向光明的未來，但是這所學校對非裔學生並不友善。關於這一點他聽過很多故事，比方說非裔校友聽到學校老師說：「喔，黑人不應該成為科學家，他們應該要專注發揮自己的體育專長」之類的話語。在推動中學教育翻轉時，亞門的夥伴曾經聽到有學生在始業式的時候對他們說：「你們還是滾回河的另一邊去吧！」儘管如此，亞門還是有找到願意支持他們的夥伴，比方說當年歡迎亞門進入軟體公司的同事就在其中。亞門認為自造者運動的響應者都知道「環境造就人材」，所以他將這樣的精神帶到資源相對貧乏的地方，讓孩子們在玩樂中做中學、學中覺。

「自製」專題

哈索‧普拉特納設計學院（Hasso Plattner Institute of Design，簡稱 d‧school）開的課是史丹佛大學最搶手的課程之一，這些課程常常是所謂「跨領域設計思考」與「創造力」教學課程的典範。其中大衛‧凱利（David Kelley）這位設計學院的創辦人對此影響極大，這位教育家孜孜矻矻，希望能將「設計思考力」和相關工具推廣給更多人、在更多地方應用。同時他也是一位設計師，創立IDEO設計公司，蘋果公司的第一支滑鼠就是出自他們之手。大衛的工作成果也獲得各方肯定，他獲選為美國國家工程學院院士、獲得英國米夏‧布萊克爵士獎章「設計教育特殊貢獻」的殊榮、並獲得美國國家設計獎中的產品設計獎項。

從小，大衛就看著其他家庭成員自己動手做，接著他就自己試著做做看。他的爺爺是機械技師，叔叔在工廠工作。大衛十二歲生日的時候，收到一臺全新的腳踏車，一臺腳踏車要價不菲，對大衛來說，那簡直是了不起的大事！他非常開心！就在收到禮物的隔天，他就用砂紙把腳踏車的外層磨掉，自己上了一個新的顏色。

許多家長可能無法認同這個行為，覺得這根本就是糟蹋這項昂貴的

禮物，甚至認為孩子對自己的東西不夠負責。但是大衛的家人並沒有這樣回應。老實說我還滿驚訝的，因為大衛在那之前才把家裡的鋼琴拆了，可想而知，他完全不會裝回去。

不過故事還沒完，又過了一陣子，大衛突然想要把這臺腳踏車改裝成協力車。他的計畫是把其中一個輪子拆下來，然後把腳踏車跟另外一臺腳踏車拴在一起，可惜的是，他沒有考慮到折曲角度的問題，沒有照他的計畫組裝成功。儘管如此，他回想起當時，「那個感覺很好，我覺得自己想到很棒的點子，還有，那種覺得自己可以做到的感覺，當時真的是很興奮啊！」大衛希望把這樣的感覺也傳達給史丹佛大學的學生和自己的女兒，他在訪談中有提到：「還不確定的時候就想做做看了。」大衛希望培養孩子們將構想付諸實現的自信，而不只是停留在討論的階段。

我遇到的許多自造者都有這種「還不確定的時候就想做做看了」的特質，我認為這當中牽涉到「勇於承擔」的魄力。當我們決心實作時，也代表我們願意承擔後果，這是很大的擔當，對於第一次將自己的構想付諸實現的孩子尤為重要。

我在演講的時候，常常問臺下的觀眾小時候有沒有得意的作品？這個時候幾乎每一個人都會舉手。接著我會問：「這個作品是上課時照表操課的專題的話，手繼續舉著。」這個時候，舉著的手就變少了。對許多人來說，會印象深刻的專題都是獨一無二的，不是在上課的時候跟大家做一模一樣的事情。許多人跟我聊到他們曾經做過的專題，像是歪一邊的陶器、不大靈光的電子裝置，雖然結果不是很棒，但他們都覺得很驕傲。如果只是跟隨指示一步步照做，就算成果看起來非常「專業」，還是不如自己發想的專題那麼讓人感到滿足啊！

請相信我們

對許多孩子來說，要培養「勇於承擔」的特質。首先，家人要相信他們可完成（至少嘗試完成）他們的專題才行。不管是獲准把壞掉的家具拆開、用砂紙打磨或者拿到禮物的時候重新油漆不會被罵等等。許多自造者都提到，獲得信任是承擔責任、產生自信的第一步。

自造者運動鼓勵各個年齡層的玩家培養技術和堅持不懈的努力。2012年，我第一次參加了舊金山灣區的自造者嘉年華，那一次規模相當盛大，我印象很深刻，有許多年輕的自造者（有的才十歲左右）在展場中呈現了自己的專題；其中甚至有一個孩子已經開始創業了！想想看，同樣年紀的小孩有的家長還不讓他們獨自看家呢！這些小朋友有了身邊大人的支持，將觸角向外延伸，尋求協助、將自己的構想付諸實現。我常常和大家說自造者運動「不分年齡」，就算看到網路上或家附近自造者空間最淵博的行家年紀還沒有大到可以考駕照，那也沒什麼好驚訝的，「吾師道也，夫庸知其年之先後生於吾乎」，不是嗎？我曾經看過小朋友教大人焊接，也看過小朋友教大人寫程式，在教學的過程當中，最讓我感動的莫過於學者與教者的互相尊重之情啊。

　　我們曾在第四章談到，冒險和承擔之間的關係十分微妙，許多自造者為人父母之後，回首看他們年輕時的冒險經歷，都為自己捏一把冷汗，卻又暗自慶幸沒有人扼殺了他們那段經歷。在訪談的過程中，我發現許多人甚至回頭去問父母：「你們當時怎麼會讓我這麼做？」我認為必須冒一點風險，才有辦法學會承擔。如果結果很明確，那製作專題的過程中就不會培養出「堅持不懈」、勇氣、好奇心這些特質了。就算看似成功機會渺茫時，也相信孩子有能力挑戰未知，才有可能讓他們建立這些重要的特質。

　　當我們知道結果可能失敗的時候，就會學習「承擔」，史帝夫·荷弗（Steve Hoefer）導引的牛群可能會跑到別人家的牧場裡，儘管結果未知，他的家長依然將引牛的責任交到他手裡；露絲雖然沒有受過特別的電子零件相關訓練，可能會不小心在修繕的過程中把家電弄壞，但是她「堅持不懈」，願意花很多時間挑戰，即使過程有些挫敗，將家電修復之後還是獲得成就感，並且對自己更有信心。

　　身為教育者與父母，我認為我們能賦予孩子最棒的禮物之一就是「信任」。今年母親節的時候，我的兩個女兒天剛破曉就把我叫醒，準備好早餐供我享用。我反思這個過程，我發現六歲的女兒對自己更有自信了，她可以獨立做出這麼多菜餚，還用托盤端了這麼多湯湯水

水到我房間，她妹妹才三歲，就帶著牛奶和玉米片跟著上樓了。我承認，我第一個念頭是：「我的天啊，她們可能會跌倒、把杯子弄破、弄得一團糟！」但是，兩個女孩都跟我說了許多做早餐的故事，不斷重複跟我說是「我自己做的喔！」我可以感受到她們對自己的作品很驕傲，這股能量從她們身上發散到四周！

要透過困難而重要的任務，才有辦法學會「承擔責任」。身為家長，如果我們總是動手解決問題，或只讓孩子承擔「簡單」的任務，他們就永遠沒有機會得到完成複雜任務的成就感，那是孩子們學習承擔的機會啊！許多自造者在很小的時候就一肩挑起困難的任務，就算成果不如預期，這一份「被信任」的感覺也足夠影響孩子的自我觀感。此外，他們看待環境的方式也會改變。這些孩子在小時候培養了「勇於承擔」的特質，長大之後也更願意「信任孩子」，將這樣的精神傳遞下去！

第六章 堅持不懈

自造者總是堅持不懈、愈挫愈勇，不輕言放棄。

如果你曾經和路克・梅蘭德（Luc Mayrand）聊Skype，會發現他的大頭照是個拿著模型火箭、面帶微笑的小孩。雖然那之後過了幾十個寒暑，但是他將夢想做大，並勇於將夢付諸實現的神奇力量從未消失。現在，他已經是迪士尼夢想工程師的創意執行長，同時也是上海迪士尼樂園的核心領導。為了帶給來訪者嶄新的體驗，路克和各種不同的專家合作，從作家、編舞者、工程師、詞曲作者等等無所不包，顯然這個工作需要創意和卓越的問題解決技巧。

當我問及路克的童年經驗，他不假思索地回答我：「喔！我是世界上最幸運的小孩！」路克在加拿大蒙特婁的郊區長大，那附近的孩子都有著無窮無盡的自由。他們家隔兩條街就是公立圖書館，因為圖書館只有一層樓，佔地也不大，路克很快就把圖書館給摸透了，他時常泡在圖書館裡，在書中尋找知識與靈感。「我十歲的時候就搞懂了圖書館的杜威十進位分類系統，在書裡看到有人可以用紙做出大教堂模型之類的專題，每當我看到有趣的東西，我就會自己試著做做看，印象中我一直對『自己動手做』很有興趣。」美術課程與冒險生活是路克童年不可或缺的重要元素，不過即使路克在學校表現亮眼，他還是有提到學校課業對他來說並非輕而易舉。「我不是那種過目成誦、一目十行的天才型學生，我必須在課業上下足功夫，學生時代，我對於語言和數學都還算在行，不過只要我願意，我可以下功夫去做任何事情，不管是讀書、埋頭鑽研某一項任務等等，我知道我可以做到，只要我想做的事就會堅持不懈，於是就能做到。」無論在孩提時代或者現在長大成人，在路克身上都可以看到「堅持不懈」這項人格特質。

路克說他小時候很幸運趕上蒙特婁先後兩場國際盛事。1967年，世界博覽會在蒙特婁舉行，那個時候路克年紀還小，對於博覽會的印象不深，但是世界博覽會遺留下來的這座城市就這樣陪伴著路克成長。拜世界博覽會所賜，城市的許多角落（甚至包含一座島）都開發完善，地鐵也延伸出新的路線，此外政府也撥出一筆資金贊助創作者，整個城市就像是一塊畫布任人揮灑創意。路克說，他還記得自己十歲的時候自己搭著公車在城市裡旅行，造訪這些藝術家留下來的創作。三年之後，奧林匹克運動會也在蒙特婁舉辦，在那個時候，路克會走到離家不過兩哩的奧運場館工地附近，把鼻子貼在施工外牆上，看著裡頭的場館逐漸完成。雖然路克爸媽沒有多餘的錢可以讓他們買票進場看比賽，但是他們曾經一起在公共區域走走繞繞、欣賞運動員成排列進場，各種異地語言與國旗在路克的腦海裡留下深刻的印象。奧運會結束之後，場館就開放給當地的孩子們使用，所以路克是在奧運級的場館學會游泳，在奧運級的大水槽裡學會風帆，這個場館在活動結束之後，還繼續舉辦了「男人與世界」展覽。蒙特婁在1976年舉辦奧林匹克運動會讓當地居民留下深刻的印象，創造了居民共同的回憶，路克認為這樣的情感在近年的奧運會似乎比較看不到了。此外，路克對美國太空計畫也感到興趣十足，他爸媽還曾帶他去美國德州卡納維爾角[23]玩了一趟。對這個曾經在奧運泳池游泳、住在充滿藝術氣息的城市男孩來說，生活處處充滿驚奇！「在那個小小年紀，我就認為世界上沒有什麼做不到的事，世界就像一張畫布，任我們在上頭揮灑。」

　　小時候路克就常拿紙張或者其他手邊的素材做專題。在他的「自造者」生涯中有一個重要的轉折：有一次他在祖父母家的地下室找到一個盒子，打開盒子之後，他發現裡頭有十來組些微生鏽的Meccano鋼鐵模型玩具組，憑著這些材料，他立刻就做了一臺模型汽車。大功告成之後，他拿著成品去和父母親炫耀，父母親看到路克神采飛揚的樣子，就在不久之後的聖誕節送給路克整套 Meccano模型玩具組做為禮物。後來每一年路克就會收到更大、更完整、更多花樣的模型玩具組。之後路克還收到4EL套件組，裡頭有電子零件可以玩！收到這份

17　為美國著名的航空海岸，附近有太空中心與空軍基地。

禮物之後，路克幾乎煞不住車，腦海中充滿了想要做的專題！接下來路克開始四處蒐集Meccano零件。在每一個Meccano套件包當中，都會有一本小冊子，裡頭會介紹其他產品，小路克會花上好幾小時，想像各種專題的可能性。到了十一歲的時候，路克發現了Meccano的10號套件包，即使過了三十年，他也可以鉅細靡遺地描述套件包的內容，甚至連價錢也沒有忘掉（1974年時價錢是620美元）。雖然價格不菲，路克還是想辦法說服爸媽到賣套件包的店裡逛逛。進門之後卻發現店裡沒有現貨（甚至全加拿大都沒有存貨），要買的話得從英國進貨才行。老實說這個價錢父母也實在負擔不起。儘管如此路克還是決定要把Meccano的10號套件包弄到手才行。在學校課業上，路克總是能展現「堅持不懈」的精神，現在即使物資缺乏，他也努力想出辦法得到心目中的寶藏。

　　之後路克去找了一份送報的差事。但是過了沒多久，路克發現送報根本不可能賺到620美元，所以他同時兼了幾份打工，冬天也持續工作。過了一年半，路克累積了三條送報路線，夏天時推車送報，冬天則用雪橇，銀行帳戶裡也攢了320美元。路克不甘於乾等著帳戶裡的錢慢慢增加，他也設法連絡蒙特婁所有的玩具店並詢問他們是否有那一款套件包，結果可想而知——整個蒙特婁市裡的商店都沒有那款套件包的現貨。不過其中一位商店老闆對路克的行為感到印象深刻，為了買到Meccan價格最高的套件包，這位小男孩「堅持不懈」、不肯放棄，甚至願意為此送報打工存錢。這位老闆決定幫路克一個忙，除了設法幫路克訂到套件包之外，還只收成本價加上運費，加起來大約是360美元。訂單下了之後，路克就這樣滿心期待地等了幾個禮拜（見圖6-1），結果皇天不負苦心人，等路克收到英國寄來的套件包，對他來說簡直就是美夢成真啊！

　　他先是做了八英呎高的艾菲爾鐵塔（法國巴黎著名地標）；後來他還用攪拌機馬達做出一臺車，這臺車他真的可以拿來開喔！另外他也做過齒輪箱呢！

　　光是這個套件包就讓他玩了好多年，後來他搬到美國，也就把套件包也搬了過去。到了最近，他兒子也開始玩起爸爸的Meccano 10號套

件包，用來打造星際大戰的道具並製作動畫電影。

對於這一段童年經歷，路克也進行很多反思：

「『自己動手做』專題的自信並非與生俱來，需要多年的培養醞釀，在做專題時我經常遇到挫折。許多時候，我甚至認為自己一事無成，跟理想狀態比較，總是差那麼一截。但是在嘗試的過程中，小小的成功慢慢累積成更大的企圖心，這也許不能寫成什麼偉大的研究論文，但這對我非常重要。在我的學習歷程中，我認為不屈不撓的毅力、對現實狀況的考量和慢慢成長的想像力三者逐漸調和，成為現在的我。

當然，在我成長的過程中，父母扮演著重要的角色。他們從來不曾潑我冷水，總是在一旁給我支持。他們對於生活總是正向積極、對事物充滿好奇。他們自己在農村長大，凡是實事求是、律己甚嚴，雖然生活並不寬裕，但總是勤奮工作。此外，他們也善於社交、思想不會過於保守，終其一生都樂在學習，他們以身作則，讓我知道保持彈性、適應環境至關重要，我父親到了八十四歲，都還每個禮拜到蘋果電腦的店裡進修呢！」

在我們視訊訪談的最後，路克將攝影機轉到他在迪士尼辦公室的一面牆上，就在那一面牆上，我看到一個嶄新的專題原型，整個模型都是用Meccano零件做的。你沒有猜錯，就是路克十一歲的時候用送報紙存的錢買的那個套件包！

圖6-1 路克‧梅蘭德、他的兄弟、父親和Meccano 10號套件包（照片由本人提供）。

尋求協助

　　「小時候，我並非特別熱衷於『自己動手做』，我覺得
自己比較傾向物理學家，而不是工程師，我對於事物的
『運作原理』比較有興趣。比方說，為什麼這個東西的冷
卻速率可以預測。到了某一天，我好像覺得夠了，不管是
熱力學還是牛頓力學，這些解釋世界的理論我都學過。我
發現我必須找個工作；然而沒有人會聘請我『了解這個
世界的運作原理』，所以我可能要想辦法『達到某個效
果』，這樣才能找到工作。」

這位從想「理解世界」跨足「改變世界」的男孩說到做到，後來他

領導的團隊開發出會爬樓梯的輪椅、可以勝任複雜作業的機器手臂，並且創辦了如今吸引上萬參賽者的機器人大賽。2013年，這位多產的發明家狄恩・卡門（Dean Kamen，見圖6-2）獲得詹姆斯・摩根全球人道主義獎（James C. Morgan Global Humanitarian Award），對一個自認並不熱愛「自己動手做」的人來說，好像幹得還不錯！

圖6-2 狄恩・卡門五歲時的素描畫像，由父親傑克・卡門（Jack Kamen）繪製（圖片由狄恩・卡門提供）。

　　天下沒有白吃的午餐，這些成果來自狄恩的「堅持不懈」，他只要下定決心，就一定會學習想要學到的知識。他年輕的時候四處尋找靈感，那是電子產品剛開始盛行的年代，好像「所有人都迷上迪斯可，因為整棟建築物都可以聽到震耳欲聾的節奏聲」。狄恩也愛上聲光結合這個點子，因此他就開始製作聲光設備，賣給附近的樂團，價錢比材料成本可是高上好一大截。訪談到這個時候，我打斷了一下，詢問迪恩是怎麼做出這些設備的？就只是自己看書和嘗試嗎？他說：「沒錯，我就是那樣做到的。」不過，他還知道怎麼「尋求協助」。

「那個時候，我會打電話到公司去，找現在所謂的『應用工程師』幫忙，我會跟他説：『我正在試圖搞定這個問題』，試著聽起來像是個大人，説服工程師我真的有需要，我搞不懂他們的產品規格表。」狄恩説他常常要打給同一個公司很多次，才能找到願意幫忙的人。在打電話之前，他會先閱讀產品規格表和型錄，更重要的是，他會自己試著做做看。隨著經驗累積，迪恩的客人也愈來愈多，那時候狄恩才十歲左右！

狄恩認為，他的成功很大一部分來自勇於接納批評。將產品拿到顧客面前時，顧客通常不會吝於給予「指教」，就這樣依照意見修改幾次之後，顧客就會感到比較滿意了，確認產品做法之後，狄恩會趕快跑回地下室，再多做一些一樣的產品。接著狄恩就用賺來的錢去買更多零件：示波器、電源供應器、工具機等等。上了中學之後，狄恩已經將父母家的地下室建置成機械與電子商店，貨品齊備。後來，他花了無數漫漫長夜和週末進行發明。

當專題結果不如預期時，狄恩也會感到喪氣，不過他不曾放棄。

> 「每次想把專題做好的時候，壓力就來了，如果結果不好，那我就會很沮喪，然後再重頭來過。我覺得這比坐在教室裡猜選擇題的答案困難多了。我選擇做專題是因為我認為這些專題有其重要性。如果真的不行，我會嘗試其他方法直到成功為止。對我來說失敗就是學習的過程。其實這還滿刺激的，因為我永遠不知道專題會不會成功，不像課本後面有習題的答案，每次都是嶄新的挑戰，如果成功的話就是一件喜事；如果失敗，那我會繼續嘗試。
>
> 我不喜歡『處方箋』式的學習，如果答案就在課本背後，那還有什麼有趣？我想要知道的是課本上沒有寫的問題和答案。」

像狄恩這樣想探索未知的自造者勢必會跌跌撞撞，他們之所以能出類拔萃，原因正是他們面對困難的態度與解決方法與眾不同。

靜靜觀察

　　許咪咪（Mimi Hui，見圖6-3）到幼稚園的第一天根本無法跟任何人溝通。那個時候她六歲，在此之前都待在澳門由外婆帶大，基本上只會說中文。直到現在，她仍然記得在美國上學的第一天她有多困惑，身邊的人所說的一字一句都完全聽不懂。還有教室裡的玩具她也不會玩；在此之前她沒有看過積木，也覺得沒有實際功能的家家酒廚具非常愚蠢：「奇怪了，如果不能點火，那要假的爐子做什麼？」咪咪說，那大概是她人生中最無聊的一天吧！

　　接下來的兩年裡，咪咪在學校都保持沉默，因為不懂英文，所以她從聆聽開始，漸漸弄清同儕師長所說的一字一句，然後開始學說英文。咪咪身邊的人都以為她聽不懂，便隨心所欲地發表高見，他們不知道她早就懂了，而且靜靜地在學習。

圖6-3 許咪咪這個時候才六歲，她堅持自己可以扛起這個包包（照片由許氏夫婦提供）。

隨著年齡增長，咪咪慢慢地學習美國文化與美式英文，同時她也在父母親開的外帶餐廳裡幫忙。到了九歲左右，她開始接訂單；又過了幾年，她開始幫忙爸媽請水電工、做翻譯工作（包含法律文件）等，當然她也會幫忙其他雜務。

雖然在店裡幫忙會花上許多時間精力，但是咪咪還是盡力投入學校課業與專題。對她來說，學校生活是她很好的出口。九歲的時候學校有科展活動，她想做太陽能電池專題研究，於是去了好幾趟圖書館，研讀太陽能相關書籍。此外她也做了幾個太陽能電池的設計原型（她語帶遺憾地說她的專題沒有得獎，「得獎的總是火山專題」）。到了中學的時候，咪咪選了每一門學校開的進階自然科學課程，她在這方面的天賦也顯露無遺。後來咪咪在大學主修電機、工業設計與創新，然後在Netscape（網景通訊）[24]當工程師，後來又到Frog Design（青蛙設計）任職高階經理人。

咪咪擅長協調各方高手來評估產品企劃、並進行策略構想與執行。在拿到工業設計學位之後沒多久，她就創立了Canal Mercer Designs公司，主要業務是輔導新創公司與非新創公司的產品規劃。到目前為止，咪咪已經到了八個不同國家工作，輔導過的產品企劃從金融系統到汽車公司的「駕駛經驗重新建構」無所不包。咪咪很容易適應新的環境，也樂於與新的團隊合作。此外她工作效率非常高、很快就能使產品上市，這樣的才能並不多見，讓人讚賞有加。當我看到咪咪的工作成果時，很難不想到咪咪才十歲左右，就開始在語言文化陌生的環境聯絡水電工，這樣的生活經驗想必使她與眾不同。

咪咪對教育相關議題也很有興趣。她還記得小時候看到家家酒用的假瓦斯爐，那時候她覺得非常奇怪，要一個不能用的玩具做什麼？更奇怪的是，身邊的人覺得她這麼想很奇怪。還有她覺得在學校裡學生沒什麼「自己動手做」的機會，因此她決定實地去解決這個問題。她在紐約幫理工學校設計課程，目標在於協助有天賦卻被邊緣化的學生，為了達到這個目的，她用自己的技術和資源來幫學生製作套件包。可想而知在她的套件包裡沒有「假的」東西，全都是貨真價實的

24　美國的電腦服務公司，以其生產的同名網頁瀏覽器聞名。

電子零件，可以做出光學、風力相關的實驗。「我認為孩子的好奇心與生俱來，有時候孩子學校課業表現不好，可能只是因為覺得無聊，或者學校沒有引發他們的學習動機，問題不是他們不聰明。」

讓失敗不再只是失敗

「堅持不懈」似乎是自造者不可或缺的人格特質，因為每個專題總是有些陌生的環節，至少對於自造者來說有部分是嶄新的挑戰。在製作專題的過程當中，我們通常無法立刻確定需要哪些素材、資源、知識或協助才能完成。許多專題在堪用的設計出爐之前，都需要使用不同的方法、經過多次的嘗試才會成功。即使前幾次嘗試沒有成功，仍然能堅持不懈、繼續努力，才有可能開創出新的一片天地。

許多人都會讚美失敗的價值，但是我認為「堅持不懈」的努力和適應挫折的彈性失敗經驗本身更為重要。「堅持不懈」跟失敗經驗不同；失敗經驗本身不會導致成功，要在挫折中重新站起來，才有可能使你邁向成功之路。只要成功之後，先前的失敗經驗就不是失敗了，而是成功專題的「草稿」。想想學生時代寫的報告吧！我小時候寫報告從來沒有一次過關，總要來來回回修改幾次才能寫出定稿，在定稿之前的版本都叫做「草稿」不是嗎？對我來說，如果放棄繼續努力，那就是真的失敗了。

我時常在工學院大學部開設工程設計與製圖學課程（大部分都是開給大一的學生），同一內容也開設在老師們進修課程中。隨著設計課程在中學、小學、幼稚園，甚至學前教育都愈來愈普遍，大學也不乏設計相關課程，我時常聽到名詞的濫用。我知道在許多研討會中，許多人認為「慶祝失敗」和「快速失敗」這些概念自然是讓人耳目一新，改變了我們對教育的想法。但是，我覺得這些概念在大學以前並不合適，甚至在大學課堂中都算是言之過早。有好多老師都跑來跟我說他們聽說了「慶祝失敗」這個說法，覺得這應該對孩子很有幫助。

語言的力量不可忽視。如果學生就是遇到障礙、數學被當，我們一邊跟他們說「失敗沒什麼關係」，一邊讓他們補考、留級、通知家長、扣留畢業證書，那不是很虛偽嗎？我認為設計的過程就像寫作一

樣，第一版永遠不會是最終版，而是根據使用者、同儕和其他人的回饋，不斷修正改良才能做出成品。我在前面的篇章中提到，如果在失敗的時候放棄，失敗作品就不是「某一版草稿」或實驗品，而是真的失敗了。因此，我認為比起「慶祝失敗」或「快速失敗」，「早日學習設計原型的概念」、「勇於嘗試與試驗」、「從他人的回饋中學習」、「嘗試、嘗試、再嘗試」這樣的說法更為合宜，也比較貼近我在自造者們身上看到的現象。

自造者嘉年華最棒的地方之一在於這不是比賽、沒有輸贏，也不會有成績，因此，參展的人也不需要有壓力，不需要完美無瑕，甚至未完成的作品也可以參展。在博覽會當中，許多自造者互相幫忙、分享彼此的創意，燦爛的智慧火花就在這樣的交流中迸發。自造者總是相信自己可以搞懂任何東西的製作方式，此外，他們很少認為有哪個專題已經「完成」了，他們總是可以找到另外一個版本來嘗試，或者在跟另外一個自造者聊天之後，又產生新的想法也不一定！

工具不分年紀

我自問，自造者到底在哪些方面展現「堅持不懈」的精神呢？面對相同的課題，他們可以堅持好幾年（甚至幾十年）不放棄，即使身邊的人不看好、屢屢遭受挫折也持續努力奮鬥。除此之外，我發現許多自造者手邊還在使用小時候用過的工具。像路克就在迪士尼的辦公室驕傲地跟我展示他小時候努力換得的Meccano套件包。我發現還有許多自造者也把小時候玩的玩具或使用的工具放在身邊，其中一個例子就是奇普・布萊德弗德（Kipp Bradford，見圖6-4）。

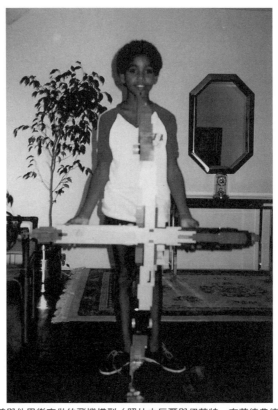

圖6-4 奇普與他用樂高做的飛機模型（照片由厄爾與伊葳特‧布萊德弗德提供）。

因為父親的工作的關係，奇普的童年時期在美國許多不同城市度過。他的父母親出生於路易斯安那州的紐奧良市，在1960年代，黑人在美國南方謀生不易，他父親對這個情況非常不滿。此外，奇普的父母親又非常重視教育、勤奮和「動手實做」技術，身體力行，讓奇普從小就得以理解修繕和實做的重要性。奇普還記得他的外公和祖父也都是紮紮實實的「修補匠」，父親也老是在家裡敲敲打打、修這修那的（後來奇普會把工具偷偷拿走，用來做自己的專題），因此這算是家族遺傳吧。

儘管奇普身邊充滿各種工具可以供他探索，他發現他最喜歡的還是樂高積木。奇普現在在布朗大學教高年級的工學課程，我去訪問他的

時候，他就從我面前的櫃子上拿了一臺樂高的車子給我看，他的辦公室裡大概就放了十五個樂高模型吧。直到今天他都還是會買樂高積木來玩。他也樂於跟我分享超過三十歲的樂高模型：「妳看，這組樂高是我四歲的時候買的！我也有1978年製的樂高喔，這好像是貫穿我生命的線，是我一路以來「自己動手做」專題的足跡，我總是喜歡想像有趣的事物，有了構想之後就會把構想化為現實。」奇普並不覺得樂高積木「是小孩子的玩意」或「對大人來說實在太簡單了」，即使到了今天，奇普還是會運用到這樣工具，並且在使用的過程中磨練自己的技藝。

未完成的專題

許多人認為「堅持不懈」就是「永不放棄」，對於自造者來說這當然是重要的特質，許多自造者投入專題之後才發現，要花的時間比預期長上許多，花個幾十年也不是不可能。我訪談過許多自造者，他們除了跟我分享完成的專題之外，總會提到他們手邊還有更多「未完成」的專題。或許「堅持不懈」還有另外一種可能的解釋，就是永不忘記許多專題都「未完成」。在這裡我要把「最長久專題」這個獎項頒給威爾‧杜爾菲（Will Durfee），他的事蹟實在太多了，我在這邊分享一個讓我非常難忘的故事。

威爾‧杜爾菲博士在工程教育這個領域中成果斐然，他目前在明尼蘇達大學機械工程學當教授。在此之前他在麻省理工學院教工程設計。他曾經獲得發明、教學、學術發表、研究等多種獎項，但大家不知道的是，他的櫃子裡藏著一個經歷四十年都還未結束的專題。

威爾一直對太空和望遠鏡有興趣，在幼稚園的時候，他就用手鋸、電鑽、螺絲和鐵鎚做了一個亮紅色的木製望遠鏡架，讓身邊的大人驚訝不已。那個時候有人送他一臺望遠鏡，跟他說：「只要一點想像力，就可以用這臺望遠鏡看到土星環，不過望遠鏡盒子上的土星環照片還是比實際看的時候清楚多了。」他非常喜歡把望遠鏡帶到室外，看向天空，從這個時候起，他就對「製作」望遠鏡這件事情產生興趣。

過了幾年，在讀中學的時候，威爾讀到一本書在談望遠鏡製作，當

他發現自己就可以動手做出6吋反射望遠鏡（比他的望遠鏡好多了）時簡直是喜出望外。因此他說服爸媽贊助他一點零用錢，湊上他原本的「存款」，就訂購了望遠鏡的套件包。

就像第二章克里斯·安德森的潛水艇專題（好吧，說潛水艇計畫書可能比較貼切）一樣，威爾也很快就發現有些材料無法在地下室裡找到。在專題的材料列表上，有一項是50加侖的大油桶，他費盡心思才說服爸媽幫他找油桶，並讓他把油桶放在自己的房間裡。他強調，如果專題放在地下室的話，就沒辦法隨時隨地製作專題了，所以油桶放的位置非常重要。

把油桶搞定之後，威爾就開始動工了。首先，他用手來打磨玻璃鏡片，威爾這年才十一歲，他發現工程進度很慢，成果卻好得出奇。因為進度實在太慢了，威爾從來沒有完成過這個專題。然而威爾始終惦記著這個專題，把完成三分之二的鏡片放在盒子裡，經過換校、搬遷都不曾遺忘，一直到他麻薩諸塞州的劍橋市[25]讀研究所，後來轉任教職。現在，這個專題跟著他來到明尼蘇達州伊代納市的小房間裡。

時至今日，小威爾已經成為杜爾菲教授了，這個從小時臥房開始的專題仍然流連在他心頭，最近，威爾跟我聊了近況：

> 「我有兩個好消息：首先，玻璃不會腐化，所以任何時候接續著做專題都沒有問題。第二，我現在對嵌入式微控制器有所了解，這個我小時候還不會，於是我決定再加入一個超酷的赤道儀，自動記錄天體活動。是啦，這些東西都可以買得到，但是自己動手做就是比較好玩啊！
>
> 人生就是這樣，總是要回到出發的地方才能找回初衷。我在幼稚園的時候，用木頭與明亮的的紅色油漆做出讓老師驚艷的固定角度望遠鏡架，或許我有這方面的長才吧，這次也應該要從望遠鏡架開始才對。」

我之所以對這個故事印象深刻，原因是這個專題對威爾的意義顯而易見。第一次聽到這個故事的時候，我和威爾在明尼蘇達大學校園咖啡店裡聊天，我還記得他說到母親被說服讓他把油桶放在房間裡時，

25　麻省理工學院所在地。

臉上綻放的神采。這個專題象徵著他當時的想像力，而且他不厭其煩，從這個家到那個家、從這一州到那一州，總是將專題打包後拆封、拆封後打包這樣帶來帶去，這種慢條斯理、愈陳愈香的「持續不懈」精神讓我難以忘懷。幼稚園的時候，他就自製了一個鮮紅色的望遠鏡盒。現在他已經成為一位大學老師，希望用自己這些年來培養的技巧來延伸原本的專題構想，儘管他在中風復健與水力動能系統領域已成果斐然，也從來沒有忘記他孩提時代的的望遠鏡專題啊！

「堅持不懈」的多重面貌

如果去查字典，「堅持不懈」的定義是面對困境、障礙或挫折時仍然繼續努力。對每一位自造者來說，這些「困境」都不盡相同，但是我遇到的每一位自造者幾乎都擁有「堅持不懈」這一項特質。不管是缺乏原料、財務困難、對身邊的語言文化感到不熟悉、身邊的人不看好，這些孩子都設法解決困難、發展自己的天賦。但是不是每個年輕的自造者都和路克・梅蘭德一樣自信，他小時候就相信「自己可以朝任何目標刻苦努力」，儘管如此，每一個自造者都以自己的方式展現出面對困境時堅持下去的決心。

令人驚訝的是，這些故事當中都沒有家長、老師或其他大人直接涉入。當然孩子們的身邊都有大人或老師表達關心，不過他們並沒有直接買給小朋友需要的零件或工具，而是鼓勵孩子在現況之下解決問題。在我們的故事當中有許多例子，比方說母親願意讓孩子在房間裡放一個50加侖的大油桶；或者玩具店老闆願意以成本價將套件包賣給孩子，這些舉動對孩子們都是一種鼓勵，讓孩子們知道自己並沒有走岔，讓他們可以繼續前進，但是必須要自己努力才行。

身為家長或老師，有時候會很想「幫孩子移除所有困難」。只是這樣孩子就沒有機會證明自己可以多堅強、多「堅持不懈」了！我訪談過的自造者都對自己孩提時代的成就感到非常驕傲，尤其是經歷挫敗後摘取的果實更顯甜美。

第七章 開天闢地

自造者總是可以開天闢地，從雜草叢生的田野中翻找出可食用的果實。

在準備一場給孩子和老師們的演講時，我正好翻到保羅・麥吉爾（Paul McGill）老師的照片，保羅・麥吉爾是我的精神導師之一，同時也是加州蒙特利灣水族館（Monterey Bay Aquarium Research Institute，簡稱MBARI）的電機工程師，負責設計並生產尖端水下探索與監測研究設備。我那時候在蒙特利灣水族館的機器人實驗室實習，時常向保羅討教。那個時候他們開發了一臺遙控無人載具（ROV），我正好就翻到一張保羅和其他工程師在南極進行探索任務的照片（見圖7-1），這張照片似乎很適合作為演講的結尾，點出這位老師在工程學上的傑出成就。我寄了一封電子郵件詢問保羅是否願意讓我在演講的時候使用這張照片，他也很快就同意了。後來他來追問我是否知道這張照片背後的故事？我心想，不就是在美麗的南極大地上，我敬愛的工程學老師和機器的合影嗎？萬萬沒想到的是，這臺機器遠比想像中更了不起。

在探索任務之前，同時也是加州蒙特利灣水族館花了好多個月製作水下探索載具，但是這張照片中的水下載具卻不是他們做的那一臺。原來在前幾次下水的時候，水下載具從破冰船下水就卡在船下的螺旋槳，沒有再浮起來過了。保羅說他印象很深刻，那時候船上載著整隊的科學家，在南極待了四十多天，卻沒有機器載具可以用。我想這個時候應該有很多人會打道回府了吧（頂多再多拍幾張南極的冰山照片）。但是保羅並沒有放棄，他跟其他兩位工程師找到一些剩下的零件、一臺多出來的水下攝影機、幾個推進器和船上剩下的控制元件。

雖然如此，他們還是缺了許多非常重要的零件，包含遙控無人載具的骨架、水下電子連接器、耐壓漂浮裝置等等。於是船上的工程師開始在船上搜索，希望能找到需要的零件。此外他們也試著用手邊的東西製作這些關鍵性的裝置。就這樣過了三天，他們拼湊出一臺任務型的水下載具了，這臺拼拼湊湊的玩意就這樣下了南極酷寒的海水，經過幾個禮拜的搜尋任務，幾乎收集到原本希望的所有資料。即使是在專門的實驗室，打造耐寒的高性能水下載具也是困難重重，這真的是我第一次聽到有人可以用臨時的材料拼湊出水下載具的案例。

圖7-1 加州蒙特利灣水族館的工程師與「鳳凰」水下載具合影，「鳳凰」是他們臨時拼湊出來的探測用載具，主要用來搜集南極附近的浮冰資料（照片提供：© 2008 MBARI）。

這個故事最讓人意外的環節大概就是我毫不感到意外，在我心目中保羅就是這樣讓人欣賞的自造者，只要有焊鐵和撿來的零件就可以做出任何東西。而且過程中總是保持微笑！可以想像的是，這樣的人格特質應該不會等到長大成人後突然顯現。從小保羅就有著在腐朽中找出神奇的能力：他會在街上亂晃、找修電線桿的工人聊天，請工人丟下來一些不要的銅線，讓他可以用來做自己的專題。讓人驚喜的是，大部分的工人都願意把剩下的銅線丟給保羅，讓保羅可以做自己的專題玩。於是保羅在四年級時，就把銅線繞在鐵釘上，做出了電報機。

只要發現有趣的材料，即使還不知道要拿來做什麼用，保羅還是會先把材料藏起來，然後成立一個藏品庫。

「觀察生活中的物品」並「想像可能的用途」是保羅的母親傳給他的能耐。因為他們是單親家庭，請師傅上門修理也是一項經濟負擔，所以母親會帶著保羅（見圖7-2）上五金行，再立下規定說他們不可以請別人幫忙。母子倆就作伴逛遍一排又一排的商品，試著找出他們需要的零件。如果發現沒見過的工具就先自問：「嗯，這可以做什麼用呢？」每次離開五金行他們都會買下比預期中還要多的東西。保羅的母親總希望保羅去看、觀察、試著自己找出解決方法，藉此培養保羅的好奇心。每次看到新的工具，就自問：「嗯，這可以做什麼用呢？」這個方法使得保羅慢慢培養出想像物品多元使用方式的能力。

圖7-2 十一歲的保羅・麥吉爾（照片由本人提供）。

保羅的父親是一位工程師，當他去找父親的時候，他們也會一起做專題。十三歲生日的時候，保羅的父親送他焊鐵做為生日禮物，然後就開始教他焊接零件、製作簡單的電路。大部分的電路初次完成的時

候都無法正常運作，這時保羅的父親會説：「沒關係，讓我們來看看哪裡出了問題吧！」然後一起仔細檢查整個電路，或許是某個地方加熱過度、形成錫橋而導致短路等等，在這個過程當中，保羅學到有耐心而且願意不斷嘗試是創作過程不可或缺的要素。

　　此外，保羅也熱愛閱讀。有一次，他和小學老師説他不想要寫讀書心得報告，希望可以改用電燈做一個南極研究站的模型，而他真的辦到了（見圖7-3）。就是這個小時候在街上亂晃和工人要碎銅線做專題的男孩，長大之後在南極探索任務中，奇蹟似地用手邊的零件拼湊出堪用的水下探測機器人，使得一次所費不貲的探索任務不至於空手而歸，這樣想起來一切都有跡可循啊！

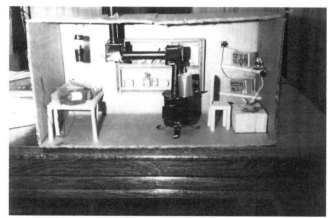

圖7-3 保羅製作的南極研究站模型，裡頭裝了閃亮亮的電燈泡。當年他參考了理查‧伯德（Richard E. Byrd）的《經典極區冒險》（The Classic Polar Adventure）這本書就做出來了呢（照片由本人提供）。

舊物新用

　　「小時候家裡經濟並不寬裕，所以我們必須自己製作玩具。」這大概是我在進行本書的訪談時，最常聽到自造者們説的話了，如果不是這句話，意思大概也相去不遠。在第六章出現的路克‧梅蘭德曾説：「貧瘠的環境是創新之母。」如果金錢不虞匱乏，想要什麼都可以用買的，也許我們很容易就會陷入「哎呀，我沒有『買到』『適合的』

工具所以做不出專題」這種迷思當中；然而，如果我們根本不可能買得起某一項零件，卻還是很想做出這個專題，那麼事情就會變得很有趣了！許多自造者就在這樣的情況下發揮創意，用「非比尋常」的方式運用尋常的工具或材料來創造奇蹟。他們小時候就做玩具來豐富自己的生活，在長大之後更能以不同的角度切入問題便一點也不奇怪了。他們曾經歷許多次摸索的過程，就像保羅・麥吉爾和母親在五金行做的事情一樣，拿起周遭的物品，試著思索：「嗯，這可以做什麼用呢？」然後想辦法把這個東西應用於生活。

在我教過的每個班上，幾乎都曾遇到有同學抱怨沒有適當的零件而無法完成專題。我不禁捫心自問：「我們是不是應該給他們更困難的挑戰？」如果在學習的過程中，總是認為適當的零件一定存在、所有零件都應該在眨眼之間組裝完成，那麼就錯失了創意發想的可能性，試著讓不適當的零件做出想要的成果就是很好的訓練方式。本書就有許多發想的案例，許多故事的主人翁都能以獨具創意的方式結合手邊的素材、產生嶄新的問題解決方式，這或許才是教育的目的。

對許多自造者來說，這樣「開天闢地」的精神從很小的時候就開始萌芽。蘿克兒・維雷茲（Raquel Vélez）（見圖7-4）四歲的時候，有一天母親注意到她手上抓著一堆螺絲，就問蘿克兒發生了什麼事。蘿克兒說這些螺絲是在學校拿到的，母親覺得事情大概沒這麼單純，就堅持要她隔天把螺絲還回去，結果蘿克兒的幼稚園老師看到這些螺絲簡直鬆了一口氣——就在前一天，老師突然發現教室冷氣機內所有的螺絲都不見了！原來蘿克兒前一天不知道為什麼不想和同學玩，就決定悄悄地去把螺絲都鬆開試試看。在訪談的時候，我問：「那妳的螺絲起子是哪來的？」蘿克兒聽到這個問題就笑了，她說她那個時候八成是隨便找了一塊金屬片、或者用指甲就把螺絲都鬆開了。

從幼稚園開始，蘿克兒就一步一步培養了快速尋找或開發工具的能力。後來她到加州理工學院讀機械工程，積極參與許多應用機器人的研發團隊，之後又創辦加州理工學生機器人救援小組，開發出一款城市搜救機器載具。畢業後陸續在麻省理工學院的林肯實驗室（Lincoln Laboratory）、應用心靈公司（Applied Minds）和Storify網站工作，

充分展現她的學習能力。比方說她在Skookum Digital Works工作的時候，只花了五週就從菜鳥實習生一躍成為助理工程師，在那裡她主要的工作是開發客製化的網頁應用程式。

圖7-4 兩歲的蘿克兒‧維雷茲在探索抽屜（照片來自荷爾曼‧維雷茲與黛博拉‧阿吉亞·維雷茲）。

最近，她將自己對機器人和軟體的興趣結合，成為NodeBots的中堅玩家，NodeBots結合了JavaScript程式語言和機器人學，使軟體工程師可以更輕易寫出機器人的程式來與實體世界互動。關於這一點，蘿克兒表示：「我認為NodeBots最好的地方就是我可以親手將東西拆解，然後再全部組裝回去！當然啦，新的作品如果能比原本好是再好不過囉！」

「書磚」的故事

我稍早有提過，許多小小自造者也熱愛閱讀。其中，布萊德禮‧高斯洛普（Bradley Gawthrop，見圖7-5）就是個很好的例子，他是管風琴的設計師，小時候他們家就堆滿了書本，「你知道，我父母親的婚禮等於是結合世界上兩個偉大的圖書館！」布萊德禮表示，書本是很

好的知識來源，不過讓人意想不到的是，書本也是很棒的建材！他們拿家裡用之不竭的書本堆疊出堡壘和家具。在製作過程中，他們發現百科全書特別適合當建材！後來布萊德禮家的小孩不滿足於現況，還到附近的社區鄰居家去找尋材料補給。「我們是一級倉儲員！」布萊德禮說，他們家孩子「開天闢地」的精神來自需求，他們一家七口人，住在只有三間房間的家，經濟也不寬裕，那個時候，他們住在美國維吉尼亞州的匡提科海軍基地附近，所以孩提時期的玩伴很多也都是軍人子弟，這些家庭好像也都蠻有「自造者精神」的，走過附近的巷弄，常常可以看到有人在修東西之類的。因為這樣的童年經驗，使得布萊德禮認為「自己動手做」是再自然不過的事，直到他開始上班之後，才發現自己的童年經驗非同一般。

不過家裡有五個孩子，也代表他們的人手足夠應付比較大型的專題。有時候他們會做出連家長都嚇一跳的成果！有一次他們幾個小孩天真無邪地問母親：「我們可以在後院挖個洞嗎？」母親說：「好啊！」結果五個小孩輪流在後院辛勤工作。「你知道嗎？如果你真的很無聊，就會做出驚人之舉！」等到母親回神去後院檢查時，發現他們已經挖出一條接近軍用戰壕那樣大小的洞了！後來孩子們甚至發展出守衛制度，每當他們要做父母不允許的專題時，就會派人守衛，可想而知過沒多久之後，母親就要求他們把戰壕給填補回去了。回想起來布萊德禮也覺得有點可惜。不過奇怪的是，母親還是願意讓小朋友拿自由地拿工具去玩，這「使得孩子們不會害怕工具，而且他們不會養成『如果物質本身條件不能如你所願，就完全無法利用』這種想法」。布萊德禮有提到：「給孩子們『真的』工具的話，他們就『真的』會去用！」

高斯洛普家的小孩都在家就學，因此布萊德禮可以從16歲就開始工作，他十一歲的時候讀了一本關於管風琴的書，從此就不可自拔了。由於他深信「實作中才能學習」，所以他做了好幾項工作，慢慢培養他心目中「夢幻工作」所需的能力。現在，布萊德禮達成了他的夢想，創立了高斯洛普管風琴工廠，除了修繕管風琴之外，也從零開始製作管風琴。在工作的場合中，布萊德禮發現許多人都缺乏機械知識，甚至連大

學讀工程的人都不例外，因此也無法確知工程世界裡什麼樣的工法可能導致怎樣的結果。例如許多人可以繪製漂亮的電腦模型，但這個模型根本無法做成實物。反觀布萊德禮雖然沒有工程學位，但是這輩子都在跟工具打交道，抱著學徒的謙卑態度，他的學習方式很簡單，就是把東西拆解開、了解各個構造之後，再全部裝回去！

圖7-5 布萊德禮・高斯洛普在北卡羅萊納州布恩市處理管風琴線路（照片由本人提供）。

關上電腦，捲起衣袖幹活去！

荷利・蓋茲（Holly Gates）的工作非常「高端」，過去五年來，他都在研發太陽能電池表面紋路，希望能提高光能利用率。此外，荷利的團隊也設計相關流程、儀器和材料，希望能將新的太陽能電池投入生產。荷利投入高端產品研發已經很久了，在讀麻省理工學院的時候，他就在電子閱讀器（Kindle閱讀器就是一例）會用到的E Ink科技，他們當時也做了跟其他零售展示與穿戴式裝置的研究，後來E Ink走出麻省理工的媒體實驗室（Media Lab），荷利也就跟著步出校園，設計了成千上百種印刷電路板，使得這些裝置得以成為實際產品。

在E Ink工作的那段日子裡，荷利展現了他的豐富創意與實踐力，他

花了相當多的功夫做他們的產品展示。做前期技術開發的人都知道，成功的技術展演能讓投資人或技術應用公司看到新技術的前景，讓他們知道新的技術如何化不可能為可能，這是技術發展中重要的環節，同時，為了控制成本，這樣的技術展演不但要絢麗奪目，又不能花太多錢。因此，技術展演不但需要對技術背景知識爛熟於胸，又要對開銷小心翼翼，這誠然是一門藝術。

而荷利就是箇中翹楚，對這麼一個年輕而富有創意的工程師來說，將創意付諸實現簡直是夢幻的工作！「E Ink公司是個非常棒的地方，因為他們的技術太與眾不同了，所以即便是很簡單的展演形式也可以達到讓觀眾驚艷的效果。當然，這一切都要歸功於研發人員不懈的努力，但是對我來說，技術展演是最吸引我的工作環節，就是從灰白的塑膠板到電子書展示板面那最後一哩路。」荷利很早就進入E Ink工作，為了這項工作，他甚至連碩士班都沒有唸完，但是他在E Ink成果斐然，許多我們現在看到的產品都是他在那個時期奠定的基礎。和每一個我訪談過的自造者一樣，我問荷利：「你到底是從哪兒學會這些玩意的呢？」

過去這幾年來，我聽到許許多多讓人眼睛一亮的故事，即使如此，荷利的故事還是讓我非常意外。荷利的父親從小就希望可以成為飛機技師，但是荷利的祖母不肯出錢讓父親去做這件事，所以他決定去造船廠打工，希望可以學習船舶修繕的技術。經過一段時間的磨練之後，荷利的父親遂成為獨當一面的工頭，於是買下一艘船，在修船廠騰出一個空間來修修補補。1975年荷利出生，那個時候他的父母還非法住在美國加州哥斯大美瑟（Costa Mesa）修船廠裡，就著防水紙搭的小屋棲身，靠在他們正著手打理的32呎船身上，荷利的父母那個時候還從旁邊大樓偷接了水電過來用，小荷利如果需要洗澡（見圖7-6），爸媽就會把棧板上放的鍍鋅浴缸裝滿水。荷利最早的記憶都在這個造船廠發生，比方說「在一大疊舊鐵線之間玩捉迷藏」等等，荷利父母的夢想是駕著船全家人一起環遊世界，不過在這個夢達成之前兩人就離婚了。後來荷利和爸爸搬進那艘船，停泊在港口邊，一直到他五歲為止。

圖7-6 小荷利在船上洗澡（照片由本人提供）。

　　在接下來的日子裡，「開天闢地」的精神一直在荷利的生活中扮演著重要的角色，無論是他的日常工作或者教養三個小孩的態度都離不開這個概念。荷利念中學的時候，常常和母親去逛一間鎮上的二手書店。後來他在書上看到一個專題，決定以此參加科學展覽。為了做出這個作品，他在鎮上到處尋找可用的霓虹燈；後來在鎮上的一間文具店找到廢棄不再使用的霓虹燈，於是他就著手開始將9kV變壓器拆解開來，那次他被紮紮實實地電了一次。「傷癒」之後，再繼續開始他的專題。「那次電擊實在讓我難以忘懷，不過還好那個變壓器（以及大部分霓虹燈會用到的變壓器）的電壓都不足以致死。」經過一段時間的努力之後（還包括搜尋更多零件），荷利終於完成了他自製的特斯拉線圈（Tesla coil，見圖7-7），這個線圈可以將一個半公尺長的電弧拉到觀眾手上的金屬物件上。荷利就帶著成品到了縣政府辦的科學博覽會會場，可惜評審考量到安全問題，不肯讓荷利現場啟動他的特斯拉線圈，這個結果不免讓人灰心。更令人氣餒的是，荷利花了很大的功夫，還是無法說服評審這個線圈不是荷利的父親做的。

圖7-7 荷利與自製特斯拉線圈合影（照片由本人提供）。

　　我和荷利在麻省理工讀大學的時間有重疊，不過我到最後一年才認識他。後來我逐漸對編織縫紉產生興趣，並且迷上紋路形式創作，於是我開始閱讀會為孩子做衣服的家長撰寫的網路文章。就在這個時候，我看到一個標題是《捲起衣袖》（Tooling Up），作者正是荷利，內容講的是他和太太、小孩共同製作的專題細節。在這個文章當中，荷利寫的不是微控制器、3D列印技術這些高端前衛的專題，而是「攝政風格禮服」的設計與縫製、煙燻培根、手磨麵粉、自製刮鬍刀片等等。荷利這位爸爸三年來沒有買過衣服，都自己動手做，他是一位光電（photovoltaic）工程師，從麻省理工學院電機系畢業，白天在「高」科技公司上班。知道這些事情之後，應該有許多人都會像我一樣有點驚訝吧？我們現在用的電子閱讀器，說不定就是這位踩著裁縫機踏板的爸爸開發的技術喔！老實說，我真的覺得他很特別，所

以我就問他：「既然你可以隨時觸及最高端的先進技術，為什麼還會想去用這些『舊』科技呢？」結果，他的答案發人深省：

> 「如果可以，我傾向舊物利用，而不是直接去買新的東西。還有在能力所及的範圍內，我很想學習身邊的東西是怎麼『做出來』的？通常這些東西都有可能在家裡重製，或者至少小規模的製造並非癡人說夢。只要用幾個世代以前的技術來做，通常都可以在家獨立完成。老實說，某種程度上我也不知道為什麼我會被這些『低科技』製品吸引，我就是覺得這些東西很酷、做起來很有成就感。或許我只是在親身證明人變老的之後，會變得比較古怪、比較緬懷過往吧！」

為了說明「舊科技」的好處，荷利特別提到他割草的例子：

> 「我曾經用電動割草機來割我家前面的草皮，也就是說我要戴上耳罩、拉出延長線、割完之後再把延長線收好。割草機的聲音非常吵、震動非常大、對行人有點干擾（甚至危險），所以現在我改用手動樹枝剪。雖然要花比較長的時間，手動修剪也比較不精確，但是在修剪草皮的時候有些人會停下來跟我聊天，還有我的小孩也會趁這個時候出來玩啊、撿撿樹葉什麼的，這感覺真的很棒。」

當我想到自造者「開天闢地」這項特質時，我似乎只看到技術的層面，也就是說，自造者會上窮碧落下黃泉，四處尋找可能的方式來學會所需的技術。但是聽了這麼多自造者的故事之後，我發現他們還有一項很重要的資產，就是同儕。對自造者來說，認識新的同好、從友伴身上學習新的技術都是重要的功課。當我回頭再看荷利手動割草的故事，我不禁想到，「停下來跟我聊天」正是自造者運動人力資源的重要環節。這個運動之所以能開枝散葉，乃是因為自造者們總是願意將觸角延伸，無論是在線上或者實體世界中與同好分享。還有我認為有一項，也就是知道什麼時候「關機」很重要，將電腦關機、大腦也關機，適時走出戶外，獲取新的經驗、認識新的朋友，或許有一天，我們獲得的新人際網絡或學到的新技術會派上用場，誰知道呢？說不

定就在荷利割草時來搭訕的鄰居之後就變成專題的合作夥伴，甚至成為一生的摯友也說不定，對吧？

高科技、低科技、無科技？

　　荷利的想法和他自己的故事也澄清了另一個問題：我認為時下媒體對於自造者運動的描述與我的個人經驗有所衝突。對我來說，自造者運動的核心當然就是自造者，工具在此間扮演的角色並不重要，自造者就是一群「自己動手做」的人。此外，他們也樂於與其他人分享成果。但是在與家長和老師們討論時，他們常常提到一個問題：「噢，那個我們做不來，因為成本太高了。」和他們聊了一下之後，通常會發現他覺得所謂的「自造者運動」意味著買一臺3D列印機、雷射切割機什麼的，總之要高端大氣上檔次。誠然我認識的自造者都樂於嘗試新科技，但是他們之所以自詡為「自造者」，正是因為他們對於「自己動手作」的熱情，這股熱情不會因為缺乏某項設備就消散。的確有許多自造者喜歡玩3D列印機，但是也有很多自造者偏好使用手動的工具，正如有些人對數位製造技術感到著迷，但同時也有一群人則熱衷於在紙板上展現匠心，一個專注於木雕的孩子和另一個組裝遙控機器人的孩子都可以是十足的「自造者」，因為他們都在「自己動手做」啊！

　　麻省理工學院的「高、低科技」研究室創辦人莉亞‧畢克立（Leah Buechley，見圖7-8）博士就認為「高科技」、「低科技」、「無科技」世界的關係非常複雜巧妙。莉亞的研究領域主要是「電子織品」（e-textiles，也就是電子材料的編織）和紙質電子材料。走進她的研究室，就好像走進藝術品版本的威利‧旺卡巧克力工廠一樣！走過研究室的牆壁時，牆上的裝飾會隨著所在位置而變換，大型的紙板「書」會開展成建築模型、畫出可運行電路板的筆，彈出式紙雕不但會移動、還有打光裝飾，整間研究室中四處可見鑲嵌電子零件的織品材料。我認為莉亞最讓人驚喜的創舉就是將她的藝術巧思與新科技帶到織品、剪紙、製書這些比較「老派」的工匠技術中。她也是Lilypad Arduino的發明者，Lilypad是一款開源的可編織微控制器電

路板，這塊板子的問世顛覆了人們對「電子織品」（e-textile）的想像，在教育界影響尤鉅，時至今日，世界各地的許多學校、博物館、藝師手邊都可以看到這一項產品的身影。

圖7-8 莉亞・畢克立的研究室（照片由莉亞的父母提供）。

　　莉亞的父母都是傢具匠師，在新墨西哥州北方生活。從小，莉亞周遭的世界彷彿的是家人一斧一鑿打造出來的，他們家也是爸媽蓋的，從水電、管線到最終的修整都靠自己。在長大的過程中，莉亞身邊充斥著「自造者」精神，像食物、工具到物品修繕，他們全部都捲起袖子「自己動手做」。「比方說，有一年冬天門前積雪，需要耙子來開路，結果我爸就做了一支耙子（見圖7-9）。」雖然家裡經濟並不寬裕，但她父母從來不會讓莉亞覺得讓「自己動手做」這件事很痛苦：「我覺得我父母這件事情做得非常棒！他們在跟我還有哥哥弟弟說起『自己動手做』東西時，可以讓我們覺得這很好玩，而且做完之後很有成就感！」因為經濟狀況的限制，他們整家人都必須要非常有創意跟想像力、充分利用手邊的素材才行。而莉亞從小就覺得這是個有趣的挑戰！在他們家，使用工具是人人都要具備的基本能力。小時候莉亞會在父母親的店裡邊玩邊有一搭沒一搭地幫忙；父母親在製作實際尺寸的家具時，莉亞就在旁邊作玩偶用的小家具，這些小家具後來還

在工藝表演中出售呢！大概三歲的時候，莉亞就認識了釘子、鐵鎚和螺絲這些好朋友。不過，像是帶鋸機這類的東西還是等年紀比較大之後才能使用。

　　雖然莉亞對工藝很有興趣，但是她在中學的時候決定不選美術、家政或者工藝（不過莉亞有提到，她有位同學去選了工藝課，那個時候女生選工藝課簡直是駭人聽聞）。在學生生涯當中，莉亞的興趣一直在數理和藝術之間徘徊。到了大學，雖然她主修物理，但是她也同時鑽研舞蹈與劇場，並認真考慮要成為一名舞者。後來她還是被資訊科學給吸引了，原因是在資訊科學的世界中可以「用數學發揮創意」。

圖7-9 莉亞的園藝生活（照片由莉亞的父母提供）。

　　現在對電腦運算與各種材料結合有興趣的設計師或工程師都爭相前往莉亞的實驗室當研究生。我知道莉亞自己就懂得許多傳統工藝技術，我不禁感到好奇，想知道她是否也以此要求自己的學生？莉亞和我說，她的學生背景都不盡相同，但是她希望尋找有「創作」經驗的學生，不管是創作什麼都不要緊。如果完全沒有「手做經驗」，那麼

從零開始動手做勢必會經歷一段時間的挫折；如果曾經有相關的創作經驗，那麼學習新技術就容易得多了。此外，有「手做經驗」的學生如果看到眼前的新材料，也比較容易想像可能的應用方式。

學習「開天闢地」

有一次我和一群老師聊天，他們開發了一套教案，是將機器人學實驗應用在微積分的課程當中，我覺得這個想法實在是棒透了！這群老師和我說，學生發現機器人的行為不符合理論值的時候，會感到非常喪氣，這個時候老師們會盡量和學生一起改良：其中一個方法就是尋找更好品質的零件。比方說，如果裝上規格更精細的齒輪，就可能可以使實驗結果更接近理論值。聽到這裡，我不禁反思，課堂上都是工程領域的學生，這樣會不會讓孩子執著於追求太「乾淨」和「可預測」的結果。在製作機器人或者其他裝置時，我們時常會看到「意料之外」的結果，因此設計師和自造者總是要面對挑戰、面對真實世界機械裝置的「不可預測」性。要做到這一點，必須要有很大的彈性和「開天闢地」的精神，光靠實驗室的「精準數據」是不行的，解決問題的方案通常來自嶄新的工具使用方法或者用全新的角度審視現有的知識，這樣的洞見通常來自經驗。開發者如果有「跳出框架」的思考訓練，會比較容易達成這樣的效果。以紙箱為例，紙箱可以當作專題材料、墊腳石，也可以做為童年「書磚」城堡的屋頂啊！

第八章 慷慨分享

自造者總是不吝於分享他們的知識、工具和情感上的支持。

我的兩個孩子都還不滿六歲，在和他們談話的過程中，我總覺得半數以上的時間都在聊「分享」、「合作」與「互助」，比方說「為什麼我們要分享？」「為什麼我們要輪流玩？」「為什麼要讓姐姐用我的顏料？」等等。我想很多家長也會處理到這類課題。或者這麼說吧，我們常常和孩子討論這類的話題，但他們不一定聽得進去。我常常自問，身為大人的我們是不是也有以身作則呢？我們是否有和人分享我們生命中的片刻？如果有人向我們尋求指引，我們是否願意提供建議？「慷慨分享」這樣的特質可以可以以許多方式呈現。所謂自造者運動其中一個重要的特性就是分享知識、工具和時間。許多自造者都曾與其他同好一起學習成長，很少專題可以真正「獨立」完成，現在，許多人都會聚集到自造者空間來共同完成他們的專題構想。無論是新手還是老鳥，自造者社群總是鼓勵大家勇於發問，不知道答案並不可恥，重要的是找到適當的管道求助。在自造者社群中，沒有人會打分數，大家都不會藏私，樂於彼此分享自己專題成功的「祕密」訣竅。

當我們把目光轉向正規學校教育，會發現事情是如此戲劇化的不同。在學校教育當中，我們花了許多時間和學生說：「自己的考卷自己寫。」此外，他們幾乎每做一件事情都會被打分數。我女兒才上幼稚園兩個月，就接受了第一份正規測驗，裡頭包括測驗練習、個人資料夾等等，並防止他們彼此抄襲舞弊。問題是，現實社會中大部分的專案計畫都不是如此進行，只要走出教室，幾乎所有的事情都需要與各種團隊合作，並在執行專案的過程中接收各種意見、一邊進行調

整。我們在乎的是最後的成果是否令人滿意，如果完工之後橋斷了、車子跑不動，那才是大問題，在完工前有沒有產出失敗作品根本不打緊。在成果產出之前愈早發現問題愈好，要做到這一點，最好的方法就是請更多人來幫忙審視中間的過程。如果將這些問題與人分享，不但能讓你練習教導別人，也可能幫助其他人免於失敗與挫折。在自造者運動的思潮當中，我們鼓勵同儕之間互相分享自己的經驗而不要藏私。在自造者嘉年華當中，時常也會看到有人穿著印有「不能分享，就無法久藏」標語的T恤。

「開源」思想

納森‧賽道（Nathan Seidle）（見圖8-1）從小就喜歡做一些小玩意兒，或者把東西拆解開來。他曾說：「我對動『手』做事特別在行。」而且，他的父母親也很鼓勵他這麼做：「只要你沒有受傷留疤，那就不算是留下犯罪證據！」從很小的時候開始，納森就在家裡的車庫敲敲打打，用父親給他做的工作板凳做些小玩意兒。雖然納森常常把工具亂放，但是父親還是鼓勵嘗試不同的工具、把東西拆解開來。大概在九歲的時候，他們家的割草機壞了，納森跟父親一起把割草機拆開，把馬達和軸取出來，安置在磚頭上，插上電（他父親就站在斷路器旁邊以防萬一）。就這樣，他們一起看著馬達動了起來，穿過整個車庫。

高中的時候，納森得到一臺酷炫的圖像式計算機。他的數學一向滿好的，又對電腦很有興趣，所以他想要把計算機連到電腦上試試看。雖然這種連接線當時在市面上已經可以買到，但是價格不斐，因此，納森決定上BBS[26]找資料，看看能不能自己做一條連接線出來。後來他找到一個線路圖（基本上，BBS上面只能傳輸文字符號訊息，能呈現線路圖還滿了不起的），因為這是納森第一次做專題，他連要去哪裡買材料都不知道。於是納森繼續搜尋BBS上的資料，有人建議他到RadioShack網站去買。之後他用這項技術開始了一個小生意：把連接

26　bulletin board system，電子布告欄系統，可以在網路上互通訊息，在美國1980與90年代十分盛行，臺灣現在依舊活躍的PTT實業坊便是一例。

線做好之後，用比商場低上許多的價格賣給朋友（不過，我問納森這些連接線真的能用嗎？他聽到這個問題就笑了，說：「有些可以啦！」），在做第一條連接線的時候，他不小心把連接頭上面的針腳黏在一起，為了解決這個問題，他用美工刀嘗試把接點切開，結果劃到手，留下一道傷疤。他後來表示：「妳知道嗎？這道傷疤創立了SparkFun！」

圖8-1 納森‧賽道為了搞懂門鎖是怎麼一回事，正準備把旅館門拆開（照片由黛娜‧賽道提供）。

聽到這個故事的時候我非常訝異。納森的第一個創業計劃毫無「機密」可言，任何人只要願意花點時間上網查資料，都可以做出類似的產品，乍聽之下有點瘋狂，成果卻讓人眼睛一亮。納森‧賽道目前是SparkFun電子零件公司（https://www.sparkfun.com/）的創辦人暨負責人，旗下有155名員工，2013年獲利達到三千萬美元。

SparkFun是「開源」硬體運動公司的先驅，納森本人就有參與撰寫開源硬體協會（Open Source Hardware Association，簡稱OSHWA）的宗旨，並於理事會服務，推廣這項理念。根據開源硬體協會的定義，「開源硬體裝置的設計原稿開放給大眾使用，任何人都可以拿來研究、修改、發送、製作，甚至以此硬體設計進行營利活動。」這個定義乍看之下讓人錯愕，但是即便他們販售的產品不具專利、任何人都可以仿造出售，結果證明SparkFun成果斐然。

　　我問過納森為什麼要做「開源硬體裝置」這一塊，他是這麼說的：「『開源』這個概念其實源於我缺乏自信，2003年我開發了第一項產品，但我並不確定這個產品是不是符合其他顧客的需求，為了方便疑難排解或查出技術問題，我就提供了電路圖和其他資料。」後來SparkFun的規模逐漸成長，納森也慢慢發現，「『開源』是我們進步的驅力，既然任何競爭者都可以仿製我們的產品，每項產品大概就有八到十週可以銷售。然後在這段時間之內，我們就必須做出更好的產品。如果申請專利的話，就可以高枕無憂，而我們選擇『開源』這條路，那就要枕戈待旦」。

　　此外，SparkFun在教育團隊上做了很大的投資，在155位員工當中，有8位成員組成教育部門，納森認為「開源硬體」這個概念對教育非常有幫助，「在教育領域中，『開源』的概念讓人們得以獲取更多資訊。我認為『開源』思潮激發出更多創新的火花，人們得以向別人的成果學習。納森並不以教育者自居，但是SparkFun這間公司卻與許多教育從業人員搭上線，在SparkFun的教育網頁上，他們也強調了在教育領域中「分享」的重要性：「『分享』意味著『關懷』，在SparkFun找到的任何東西都免費，不管是誰都可以取用，我們只希望如果有可以改進的地方，請不吝給我們這個機會。」

　　對許多孩子來說，「實地展演」是幼年教育最快樂的片段，孩子們可以上臺向大家展示自己找到或做出來的酷炫玩意兒。自造者嘉年華的宣傳標語「世界上最棒的舞臺讓您揮灑！」剛好可以跟這童年經驗相互輝映。我曾經去過許多大大小小的自造者嘉年華，自造者在攤位上熱切地和眾人展示他們的作品，充滿對自己成果的驕傲，此情此景

讓人想起小時候做「實地展演」的我們啊！雖然小學的時候沒有這麼多鐳射光、機器人，但是，那股亟欲分享的熱情實在是如出一轍！

　　自造者運動有很大一部分就是在展示每個人的專題、分享詳細的製作過程。一百年前的自造者要交流彼此的成果比較麻煩，必須要真的碰「頭」才有辦法交流，去編織者的聚會之類的地方討論，不然就要通信。現在拜網際網路所賜，世界各地的自造者幾乎可以立即向眾人分享自己的成果，在Instructables（http://instructables.com） 或者MakeProjects（http://makeprojects.com）網站上都可以看到自造者上傳自己的專題成果，附上詳細的製作過程、可能遇到的難題等等。另外，還有一個網站是「DIY.org」，這個網站的創立宗旨是「讓孩子們分享他們的專題、和興趣相投的同儕交流、然後盡情揮灑他們的熱情」。「DIY.org」網站從後端工程、烘焙、紙板裁剪、線路彎折、時尚設計、堡壘修築到風力工程無所不包，這個網站主要是服務為年紀比較小的孩子，在上面的發言也不需要公布身分。從很多角度來說，這些網站就像是1990年代的BBS或者電腦雜誌，比方說當年激勵了小小納森・賽道的BBS站，上面有各種專題說明，或者有些電腦雜誌也是類似的功能，上面有範例程式碼供讀者使用。

先別管電腦了，你肚子餓了嗎？

　　納森・賽道的生意從販賣計算機連接線開始，尼克・克考納斯（Nick Kokonas）則是與朋友合夥，在12歲開始了他的「The People Who Bring You Games」事業。這一年尼克・克考納斯家裡買了一臺Apple II電腦，他當時就會為了寫程式花掉整個夜晚，最後他甚至為爸爸寫出一套會計軟體。幾十年過去了，他現在留著當年改造的磁碟片外殼，他把外殼再改造了一下，兩側都可以使用。我和他聊天的時候他還驕傲地和我炫耀呢！外殼上面貼有寫著各種遊戲名標籤（像是「遊戲到你家公司出品的啤酒賽跑遊戲」等等）。這些遊戲不是尼克和朋友們寫的，他們在那個年紀就發現破解遊戲磁碟片的方法，於是他們就去買新的遊戲磁碟片，做起販售盜版遊戲磁碟片的生意。盜版出售的價錢比市價便宜許多，因此得以從中獲利。對於這群孩子來

説，這裡頭有許多充滿樂趣的挑戰；比方説，他們要想辦法讓盜版遊戲安裝最新的更新程式，這讓許多同學可以玩到原本買不起的遊戲。尼克從小就展現他的創造力、純熟的技術和創業精神，不過後來他將這些應用到別的領域去就是了。

認識尼克是因為讀到他與格蘭特・阿卡茲（Grant Achatz）寫的《Life on the Line》這本書（Gotham出版），他們兩個人在芝加哥開了一間名叫Alinea的餐廳。有一次我在圖書館亂逛，剛好看到這本書，原本只是為了好玩，但是我開始讀這兩個男人的故事之後，發現他們一個從小就在自己家開的餐廳下廚，和爸爸一起從頭組裝一臺車；另一個則是從小就花了許多時間在寫程式，這根本就是兩個典型的「自造者」嘛！從這一點來看，他們擁有的餐廳會與眾不同也就毫不奇怪了。

Alinea餐廳從進門就很不一樣，雖然入口並不起眼，但是一進去就可以看到隨著視角變換而改變的室內景觀，地上點綴了草木歡迎來客。

逐漸變窄的門廊盡頭是一堵牆，牆壁上滿滿都是肉籤，這似乎是一個令人生厭的歡迎方式；不過仔細看上去，會發現撞上掛滿肉籤的死胡同之前，旁邊有條路可以進入餐廳。Alinea和之後的Next:餐廳及Aviary bar都和傳統的餐廳非常不同。他們打破成規，使用不同的料理方式、新的工具（比如以華氏零下30度冷凍食物的凍冷盤antigriddle），口味也不斷創新。此外也開發了自己的定位系統，使得到餐廳訂位更像是上戲院看戲。我發現在尼克和格蘭特身上處處都可以感受到破舊立新的氣息。

在電影《夢饗米其林》（Spinning Plates）當中，格蘭特曾經解釋過：「在Alinea餐廳裡，料理不但是藝術品，也是工藝品，更是科學的產物。」而藝術、工藝與科學三者的結合，正好就是自造者活動的核心。不管是「同步音樂航空機器人」還是「可食用漂浮氣球」專題，都需要結合藝術傳達、工藝技術與科技知識才得以完成。在與尼克聊天的時候，我發現他和格蘭特在餐飲業的所作所為跟「開源硬體設計」的概念不相違背。在電子零件的場域中，「開源硬體設計」算

是很新穎的概念；但是在廚師的世界裡，和大家分享自己的食譜早就是很平常的事了，坊間有些程式撰寫的書籍會叫做「食譜」、「私房菜」之類的名字也與此有關，因為世界上很多著名的餐廳主廚會出版自己的菜譜，讓讀者試著在家仿做看看。

當格蘭特和尼克要推出Alinea餐廳的食譜時，他們決定要讓讀者可以百分之百複製餐廳的菜餚，除了詳細的製作步驟說明之外，還附上菜餚的照片。他們希望讀者可以在家可以做出一模一樣的東西，甚至要擷取某一道菜的部分元素也沒問題。

> 我們並沒有僱用食譜測試員，食譜測試員能告訴我們什麼？他們會說這道菜不可能在家裡完成！經過調整之後，我們還可以整理出一本「食譜」，但是這些「食譜」都不是真的啊！美國根本沒有任何一間餐廳會用量杯、茶匙、湯匙這些食譜上會出現的玩意兒，我們都是「秤重」的！所以我們才不需要擔心密度的問題，如果要40公克的水就秤40克，如果需要8克的蜂花粉，那也不用擔心磨碎之類的問題，8克就是8克啊！我們用的是公制，如果想要做出餐廳裡做出來的菜餚，那就必須要買秤還有相關的器材。我不需要雇用食譜測試員，既然是出自己餐廳的食譜，當然確定這些步驟跟份量沒有問題！

Alinea餐廳將「開源」這個概念進一步延伸，不但把食譜公開，在蓋餐廳的時候，還將他們的商業藍圖放上網，從平面設計到商標圖案鉅細靡遺。尼克認為，他的「開放」的態度受到父親的影響，他父親曾經對他說過這樣的話：「好東西不需要藏私，如果你覺得自己有著世界上最棒的點子，那就爬上山頂，對所有人喊出來吧！相信我，有百分之九十九的人會覺得你是個白癡，剩下百分之一的人會覺得你實在太棒了！他們會來抄襲你的點子，但是那一點關係都沒有，因為你每天都會有很棒的新點子，對吧！」

尼克的爸爸帶給尼克開放的胸襟，而他的外公則教他使用工具。他的外公喬瑟夫・斯威多（Joseph Szwedo）十四歲的時候孤身來到美國，在兒童紀念醫院找到一份準備病理投影片的工作，一做就是半

個世紀。雖然不會拉小提琴，但是尼克的外公在工作之餘培養了製琴的興趣，並逐漸累積出很棒的技術，使得交響樂團的樂手也會請他幫忙修琴。對尼克的外公來說，重點是做出正確的零件，所以他並不收費。小時候尼克常常在外公家的地下室商店玩耍，店裡頭總是充滿香菸和亮光漆的味道。外公就對他這麼喊著：「喂！這兒有一堆釘子、一塊木板和一支鐵鎚喔！」於是如此，尼克高中的時候就開始學木工了。

在訪談結束之前，尼克也向我介紹了他的兒子。其中一個兒子叫做詹姆斯，年紀大概跟尼克創立「遊戲到你家公司」的時候差不多，詹姆斯在做電動遊戲的實體展演，自己搞定服裝、劇本和特效等等，就像他的外曾祖父一樣，詹姆斯也靠自學來培養興趣所需要的技能。像這些技術都可以在YouTube上面透過影片來學習，還有許多網站有提供線上教材。尼克常說Alinea其實有很多劇場表演的成分，所有的元素（從軟體、食物、器皿到廚房動線）設計都是為了達到預期的成果。在詹姆斯身上，我看到他爸爸尼克的影子，尼克充滿學習熱情，從事物的運作原理、軟體操作、科技知識到劇場人力協調、演出地點與道具調配。其實不管是Alinea餐廳還是表演藝術，道理都是一樣的啊！

分享時間和工具

身為人母，最痛苦的事莫過於看到孩子的努力付諸流水，在2012年舊金山灣區自造者嘉年華，我在一位參展的孩子身上看到這樣的故事，這個故事（http://bit.ly/maker-story）很快就傳遍了自造者的世界。

故事的主角亞當在學校的暑期活動做了一臺小型賽車（go-kart、又稱高卡車、卡丁車），並決定用這個專題參加舊金山灣區自造者嘉年華。問題來了，當他們把小賽車運到展場的時候，有一個固定方向盤的螺栓少了螺帽，但那可是自造者嘉年華！怎麼可能會找不到零件呢？所以亞當就跑去找大小適合的螺母，只是在茫茫人海之中，就是沒有人手邊有對的螺母。這個時候可能有些人就會放棄了，或者用寬

膠帶把方向盤黏一黏應急。但亞當不是這種人,而且那可是自造者嘉年華!於是亞當跑去一個電腦輔助設計軟體的攤位請他們幫忙設計一個新的螺母,然後呢?把設計檔寄到3D印表機的攤位上(這情形在自造者嘉年華上處處可見),過不了多久,亞當就拿到嶄新的紅色螺母了,這可是他為賽車量身打造的設計喔!

雖然這個故事是發生在自造者嘉年華現場,不過我可以很高興地跟你說,這種「有志者事竟成」到處都可以在自造者身上看到。只要隨便走進一個自造者空間,我幾乎可以保證你會看到裡頭的自造者在互相幫忙,合作完成彼此的專題。

2013年自造者教育體系「Maker Ed」啟動「Maker Corps」青年自造者計畫。我們當時只有四個員工,其中一項工作就是要把超過一百五十箱的專題材料裝箱打包,Maker Ed在明尼蘇達州的辦公室沒有任何儲貨空間(如果我家地下室不算的話),但是當時突然湧入成千上萬個電池、麥克筆、上百支牙刷、 MaKey MaKey控制面板、「黏呼呼」電路板套件包、色紙、膠帶、膠水和其他各種各樣的零件,附近的自造者空間「磨坊」(the Mill)借給我們一些倉儲空間,還提供義工幫忙我們將這些材料打包,並送到全美各地供「Maker Corps」的訓練課程使用。受到比薩和水果的誘惑,這些來自明尼亞波利斯和聖保羅的義工夥伴熱情地來幫忙裝箱。此外,附近的大型物流公司UPS也來參一腳,他們沒有跟我們收錢,就幫我們把箱子都收去了。UPS的員工臨走之前,甚至還在自造者空間裡頭好好逛了一圈呢!

三人行必有我師

茱蒂・艾姆・卡斯楚(Judy Aime' Castro,見圖8-2)是一位自造者兼教育家,她的教學內容橫跨許多領域,從電子零件到編織技術都有所涉獵。從見到茱莉的那一刻開始,就可以感受到她對技術傳承的熱情、賦予他人知識不遺餘力。

圖8-2 茱蒂・艾姆・卡斯楚帶領「教我製造」（Teach Me To Make）工作坊實況（照片由本人提供）。

茱蒂從小在祕魯長大，那時恐怖主義造成騷亂，使得她沒有辦法去學校上課，儘管如此，茱蒂的父母親非常重視孩子的教育，所以還是想盡辦法讓茱蒂讀書。茱蒂三年級的時候，因為學校沒有三年級，所以父母就送她到附近鄰居帶的家教就讀。茱蒂提到那個時候「教育來自各種不同的人，所謂『教育』不一定需要實體學校，重點是可以讓人『學習』。所以祖父也可以是老師、阿嬤也可以是老師、鄰居也可以是老師。」只要願意教學，人人都是老師，只要有教有學，處處都是教室，茱蒂也就這麼學會了木工、做風箏和編織等技術。在那個社區的孩子們會聚在一起做玩具，如果需要的話，也會一起找社區裡的人學習需要的技術。當然如果孩子群中本來就有人會，他們就彼此互相學習。

如果要說是茱蒂的父母點燃她心中的自造者本能一點也不為過；她的父親本身就是一位技師，喜歡敲敲打打、把電子零件開開等等。茱

蒂從父親身上學到如何修理車子，這一項技術在她十六歲住在美國紐約時派上用場：「我十六歲的時候擁有第一臺汽車，那個時候我住在紐約，我記得那是一臺破車，連啟動器都沒有，引擎開關也壞了，這個時候爸爸教我的技術就派上用場。我就把車子整個改裝了一下，換了線圈什麼的。」

當其他學生去上學、穿著「非正式制服」（牛仔褲之類的服裝）的時候，茱蒂的學校要求穿「馬褲、短裙並染上藍髮」。而因為母親是裁縫師，茱蒂也學得一手好裁縫，自己的衣服自己縫，這件事在同學之間也就傳了開來。剛聽到這個消息，茱蒂的同學們簡直不敢相信有人可以「做出自己的衣服」，那正是「愛美不怕流鼻水」的年紀。茱蒂回憶說：「那是我第一次在廁所教那些最受歡迎的同學怎麼把迷你裙改短，我們當然沒有改制服用的裁縫教室，也不希望別人知道我們在幹嘛。」更有趣的是，這一所高中其實有教家政，但是「這群女孩可是學校的風雲人物，怎麼會去上家政課呢」。

茱蒂也不喜歡去上家政課，原因很簡單，那些編織技術的課她早就會了。那個時候茱蒂對工藝和汽車修理課程產生了興趣。「我印象很深刻，那時候學校老師跟我說那是男孩子上的課，女孩子不能上，所以我就被安排去上音樂課了。我那時候非常不開心，不過雖然如此，因為一些男同學和我感情不錯，我還是會去看他們上課，只要有任何藉口，我就會想辦法去接觸那些工具跟知識。」

到了今天，茱蒂不需要任何藉口就可以接觸機械和各種工具了，她與麥可・西羅（Michael Shiloh）成立了「教我製造」（Teach Me To Make）延伸學習課程，在世界各地舉辦工作坊，參與課程的學員從孩童到成人都有。這個當年沒有受到正規學校教育的小女孩，以社區為教室、鄰人為老師，現在，她將時間投注在下一代的教育上，希望能讓孩子們看到這個世界的無限可能。在她的教學生涯中，她將焦點放在資源比較缺乏或者多語言移民後代的社區。在訪談的最後，茱蒂做了以下的總結：

> 「我認為從小開始『動手做』非常重要，有了這些童年經驗，之後對這件事情也不會太陌生害怕。大人們常常忘

記那種看待事物最直覺的方式。小時候我們比較像是在玩，那個時候開始學習『動手做』會比較輕鬆一點，長大之後就要比較費勁才能習慣這件事。高中時，我就覺得受到許多限制，讓我無法企及這些『動手做』的機會，要不是我從小就有相關的經驗，或許就不會投身於此了。如果大人不鼓勵小朋友嘗試，就像小時候我身邊的大人信任我，讓我可以獨立嘗試『自己動手做』，那我的人生可能會大為不同。如果等到中學之後才有機會「自己動手做」，也許我可能就不會走上現在這條路了，如果不能隨著直覺追尋自我，不是很奇怪嗎？」

教導你所會的

我曾經舉辦多場演講與工作坊，有時候觀眾群非常龐大，有時候規模較小。儘管如此，在2013年世界自造者嘉年華辦「黏呼呼電路板」工作坊時還是非常緊張，為什麼呢？因為主講者不是我，是我五歲的小女兒！我先是邀請她參加她生涯第二次的自造者嘉年華，後來又問她要不要辦一場演講，結果她立刻從椅子上跳起來，興奮地和我說她願意。我和先生都是教育從業人員，我們的女兒賽吉（Sage，見圖8-3）從三個月大的時候就跟著我們參與大大小小的活動，不管是「黏呼呼電路板」相關的演講還是工作坊，賽吉幾乎無役不與，耳濡目染之下，似乎覺得自己已經準備好可以上臺演講了！她說想要「教小朋友們一些他們回去可以『教爸媽』的電路板知識」，好啊！既然她都這麼說了，我們就帶著20磅重的黏土和她的熱情，向紐約市進發。

所以在一個九月的豔陽天，女兒和我出現在紐約科學館（New York Hall of Science）的帳篷攤位中，面對著從5歲到70歲的觀眾。和很多新手老師一樣，賽吉發現「音響效果」是個問題，去過自造者嘉年華的人都知道，場地內會非常吵，尤其如果你才五歲，又有一點緊張，那聲音八成會被別人蓋過。於是賽吉當機立斷，決定跳過她一開始準備好的一些講稿，直接進入專題實作的部分。她請我大聲喊出一些專題製作步驟，然後在接下來的四十五分鐘裡，賽吉就在攤位上走來走去、幫參與的學員解決問題。不需要說，賽吉當然有犯一些錯：有個

大概二十歲的女生發現電路不會動，就跑來跟我說：「我明明照著賽吉的指示做了！」回想起這一幕，「一個二十幾歲的女孩照著五歲講師的指示做專題」這件事就讓人感到振奮！無論如何，我和這位女孩一起檢查了一下，發現賽吉把原本要放置導電材料的地方弄成絕緣材料了。但是就在同一節課堂上，我看到賽吉跟一個年紀相仿的男生因為電路連通相視而笑，這位男孩的父親也非常訝異，平常連父親的話都不太聽了，現在居然乖乖地跟著另一個女孩做專題。

圖8-3 賽吉・湯瑪斯在2013年世界自造者嘉年華的「黏呼呼電路板」工作坊講課（照片由瑪歌特・威吉恩特提供）。

　　就在那一刻，我想起茱蒂・艾姆・卡斯楚的話：「教育從不侷限於學校系統當中，只要能創造出一個讓人學習的環境，那就是教育了！」工作坊結束之後，有一位十二歲的男孩跑來和我女兒聊天，這位男孩也是個自造者，在那次的博覽會也有發表他的專題。收工之後來到賽吉的攤位，問她是否一切都很順利，並和賽吉說了聲恭喜。看著這兩個根本還沒上國中的孩子聊著自己的講課過程，是我那一次博覽會最快樂的片刻。

道之所存，師之所存

　　自造者運動的核心在於人與人之間的連結與友伴間激盪出的創意。在過去，人們曾經聚在一起切磋編織技術、在咖啡館分享知識，這樣的聚會自然可以達成交流的目的，但是受限於認識的朋友和可以獲取的工具。時至今日，我們幾乎可以立即與世界各地的人交換訊息，以數位的方式獲取需要的知識。身為人母，我覺得最棒的地方在於我們不需要是任何「專家」，如果孩子需要學習某項技術或知識，在社區或者某個網路論壇中八成可以找到那個「專家」，有些網站專門為兒童學習設計，使得繁複的知識也能讓孩子容易理解；如果需要詳細的教學文件或製作步驟，也有相關的網站將資料彙整。更棒的是，我們不但可以在網站上閱讀別人的成果，也可以上傳我們自己的專題成果。不過有些手做技術還是比較適合當面傳授就是了；同樣地，比起在網路上跟別人打字互傳訊息，跟夥伴面對面相處、一起使用工具和研讀教材畢竟還是很不一樣。我認為這也就是自造者嘉年華蓬勃發展的原因了。另外我們也看到圖書館中的「打鐵小舖」、育樂中心裡的「自造者空間」如雨後春筍般出現。另外許多圖書館也會出產一些工具，供來客參考。

　　「慷慨分享」的概念來自身教：納森・賽道從電子布告欄（BBS）上看到別人慷慨分享的訊息、尼克・克考納斯看到祖父對製琴的熱情並將這樣的事物貢獻於社群、茱蒂・艾姆・卡斯楚從小就看到身邊有許許多多的老師願意分享他們的知識與經驗，這些自造者就在這些身邊的老師陪伴下成長。如果這些孩子從小就害怕分享、害怕抄襲，或者身邊的大人告訴他們成功的前輩不會有時間提攜後進，那麼他們長大之後又怎麼可能「慷慨分享」他們的知識、時間和工具呢？我認為，讓孩子們見識合作的力量、與他人互相幫忙、觀察我們對別人的「慷慨分享」並且懂得感激正是我們應當做的。

第九章 樂天派

每個自造者都是樂天派，他們都相信自己改變這個世界。

現在的世道中，悲觀主義無所不在。我們每天都可以看到有可怕的事情已經發生、正在發生或即將發生，這些問題接連不斷，結合社會、經濟、醫療、環境因素，使得人們感到驚惶失措、沮喪不已、個人的力量如此微弱。孩子們從小就知道生活可怕的一面，比方說我的孩子早在幼稚園的時候，就因為所謂的「一級防範」而學到歹徒持槍闖入校園的時候要怎麼做。我們家在開車的時候會聽美國公共廣播電臺的各類報導，後來想想，我不知道這是不是個好主意。

顯然身為人父人母，每個人都曾經陷入掙扎，不知道要給予孩子怎麼樣的世界觀。麥可・謝朋（Michael Chabon）在〈未來尚未到來〉（The Future Will Have to Wait）（http://bit.ly/fwhtw）一文中提到：「我（八歲的）兒子似乎將一切人類的努力和創意的成果視作理所當然，他就像是活在一本漫長、奇異、狂野的書末，或許說最後一頁還不夠恰當，可能是最後一個段落吧。」在我讀到謝朋的這篇文章時，一直反覆咀嚼這兩句話，我時常自問「想要帶給孩子什麼呢？」或許答案就是「樂天精神」吧！所謂的「樂天精神」，不是盲目地相信明天會更好，我知道孩子會培養出「明事理」的「樂天精神」，人類（包括孩子自己）永遠都會遇到新的問題，但是我希望他們依然保持樂觀，知道他們擁有的能力可以解決問題，使得世界更趨美善。我希望我的孩子知道他們在那本「漫長、奇異、狂野的書中」佔有的位置並非空前，也不會絕後。我希望我的孩子可以從選擇、技術和行動中學到前人的智慧，並有自信可以成為勾勒未來世界的筆畫與色彩。

賦能

在討論自造者運動的時候，我們常會談到「賦能」的概念，這個概念的核心就是「相信你可以改變世界」的心理狀態，你是一個具有「能力」的人。在自造者的世界中，我們必須要先了解周遭的世界、可利用的工具，才有辦法做出讓人眼睛一亮的專題。要成為有「能力」的人，首先我們必須要先「相信」自己可以做到，「相信」自己有能力創造從未嘗試過的事物，也許是一種嶄新的交通方式，或者一件能展現個人品味的衣服也會是個好主意。

我曾和許多自造者深談，他們的共通點就是曾經在生命中遇到貴人，這位貴人可能是親人、老師、兄弟姐妹、朋友或者精神導師，曾經陪伴這些自造者、相信他們有能力對世界做出改變。這些貴人對自造者付出關心、鼓勵他們；有時候，小小的鼓勵也會造成偉大的結果。對於年紀比較小的自造者來說，他們可能會因為這樣的鼓勵而有勇氣面對挫折，最後成功地將專題完成，這個勇氣來自於旁人的關愛，這樣的關愛讓他們相信專題完成之後別人也會很開心。不管是做為一位指導者，或者為人父母，都像是在未來的事情上賭一把。這正是「樂觀主義」的種子，而「希望」和「樂天派」這樣的精神正是自造者運動成功的祕密，在孩子身上尤為如此。

和自造者泡在一起的時候，我時常看到驚訝，因為他們從來不覺得世界上有不可能的事。不管是在自造者嘉年華或者自造者空間，我都常聽到自造者談論他們的雄心壯志，有些專題甚至到了瘋狂的地步。但是自造者從來不灰心喪志，他們會集中精神、企圖化不可能為可能。許多人不計回報，或捲起袖子動手、或給予指導、或提供經費、或在旁觀察、或為各種各樣的專題加油打氣。如果我們回首看看人類重大發明的萌芽，會發現不管是疫苗、電話還是太空航行，一開始都曾受到奚落與嘲笑。然而正是這些離經叛道、瘋狂、看似不可為的創意，最後成為人類科技突破的動力。就在自造者運動當中，我看到自造者集思廣益，醞釀各種「離經叛道、瘋狂、看似不可為的創意」，彼此激盪出未來無限的夢想和可能。

還記得第一次參加自造者嘉年華的時候，我對參加博覽會的自造者感到非常訝異，他們似乎擁有某種共通的特質，這我在本書前面的章節有討論過。也許不只是特質而已，無論如何，我因此特別喜歡與他們親近。這群人好像覺得「無所不能」，看待事物總是持正向積極的態度。自造者嘉年華創辦人戴爾·多爾蒂也常提到這一點，每次他在博覽會中欣賞自造者充滿創意的專題時，總是感到世界充滿希望。更重要的是，這些「創意」並非「天馬行空」，自造者總是相信他們可以「改變世界」，這並不只是天馬行空的創意幻想而已。當然，這並不代表每個自造者都可以治癒一種絕症，或者在後院發射太空梭，重點在於這群人願意一邊學習一邊把創意「付諸實現」。無論老少，自造者們總是願意付出時間心力，設法親手做出對他們來說獨具意義的作品，即便這些東西直接出門去買比較方便（甚至比較便宜）也毫不在意。

遙遠的未來設計

如果生兒育女是我們對遙遠未來寄予希望的生物本能，那麼「萬年鐘」就是對未來宣示希望的機械手段了。有些工程師為了讓產品運作幾十年不輟就花費了無數心血，然而萬年鐘團隊的目標是可以運作一萬年的產品。這個時鐘目前位於美國德克薩斯州的山中，創作目的在於讓人們想得更長更遠。要打造像這樣的專題至少需要兩個「樂天派」的想法。首先，要相信我們可以做出前人從來沒有做過的耐久產品；再者，要相信一萬年之後還有「人」可以目睹這個作品的運作狀況。這不僅是對產品耐久程度的樂觀，也是對鐘錶匠的毅力懷著無比的信任。

萬年鐘計畫的發起人是「樂天派」的丹尼·西里斯（Danny Hillis，見圖9-1），他在西元1995年（萬年鐘團隊的成員都說01995年）（http://bit.ly/mill-clock）發起了這個計畫，並在文章中表示：「雖然無法想像未來世界的樣貌，但是我很關心這個世界未來的發展。我知道我是這個世界漫長歷史的一部份，承先啟後，人類的故事遠比我的記憶還要長遠，直到我消失在時光洪流後，這個故事也還是會繼續搬演下去。然而我正好生長在改變的年代，我認為我有責任讓這個故事穩當地發展下去、不要走岔了。因此我想在今天把樹的種子種下，

即便沒辦法看到果實收成的那一天也不要緊。」

　　丹尼自己的童年就充滿了各種各樣的冒險；他父親是病毒學者、母親則是研究肝炎的生物統計學者，丹尼和兩位手足長大的年代在非洲剛好發生了大規模的肝炎問題，因此丹尼小時候曾經在盧安達（Rwanda）、蒲隆地（Burundi）、比屬剛果（Belgian Congo）、肯亞（Kenya）和印度（India）待過一段時間。他們待在剛果的那段時間正好碰上內戰，一身家當都在路上被偷了。所以當他們抵達新的住所時幾乎一無所有。因為身在國外，也很少能讀到英文書、科技又不發達；每當丹尼可以看到書的時候，都求知若渴地將書裡頭的知識吞進肚中。只要有機會，丹尼總是展現出驚人的執著，把握每一寸學習的光陰。住在印度加爾各答市的時候，丹尼的母親設法說服了英國理事館，讓十一歲的丹尼可以任意進出他們的圖書館（不過丹尼只能在館內閱讀，不能把書借走就是了），他那時幾乎一頭就栽進喬治‧布爾（George Boole）的《思考的規律》（Laws of Thought）這本書中。根據丹尼的說法，他那時「年紀太小，根本不可能看懂」。儘管如此，他還是可以掌握一些基本的布林邏輯（Boolean Logic）。小小年紀就發現這些邏輯可以讓電腦獲得「思考」的能力。

圖9-1 年紀幼小的丹尼‧西里斯（圖中），攝於丹尼在印度自己籌劃舉辦的科學展覽（照片來自母親艾吉‧西里斯）。

丹尼認為，童年最棒的地方就是我們認為自己無所不能，因為我們還不知道什麼叫力有未逮。「成人遇到最大的『困難』，就是知道事情有多『困難』，甚至不敢去探索你認為最棒的可能性，因為你知道那有多麼『不可行』。」但是孩子就不是這麼一回事了，他們相信你只要利用手邊的材料加上無比的熱血，就可以做出一艘火箭太空船或者一臺電腦。後來，有一位學校的圖書館員推薦丹尼一本小說——《前往蘑菇星球的奇幻旅程》（Wonderful Flight to the Mushroom Planet）。故事中，一些孩子獨立打造出一支火箭。丹尼受到啟發，也決定自己打造（甚至引爆）一支火箭。不僅如此，丹尼也從此愛上科幻小說，並逐漸受到故事中角色的影響。在丹尼的童年時期，他最喜歡的小說之一是《穿上太空衣去旅行》（Have Spacesuit, Will Travel），在這個故事裡，主角不但拯救了世界、贏取女孩的芳心、還得到美國麻省理工學院的入學獎學金。那個時候丹尼根本沒有聽過麻省理工學院，不過光是拯救世界跟談戀愛聽起來就很吸引人了，所以「麻省理工」應該也很不賴吧！從那時候開始，他就跟周圍的人說有一天他要去讀麻省理工學院，最後他的夢想成真，不但前往麻省理工學院就讀，甚至還成為那兒的老師。

我和丹尼聊了很多次，一直在想「樂天派」這個詞到底適不適合用來形容他散發出的氣息。雖然他也覺得他是個「樂天派」，但除此之外，對事物的「感恩之情」似乎才是他做事的原動力。每次他講到一個故事，一定會提及某一位貴人教導某件事情，或者幫了他什麼忙等等。他對於人生中的各種機遇都有敏銳洞察。比方說，由於爸媽都是流行病專家，他和手足也因此遇到許多在生命邊緣掙扎的人，他小時候有一次聽到母親訴說某些病痛，他跟母親說：「這不公平啊！」結果，媽媽是這樣回答的：「生活從來就不公平，而且，你很幸運。」小小年紀的丹尼就知道他擁有許多別人無法企及的機會，這些機會來自他生長的家庭，但是西里斯家的小孩知道感恩，他們並不將這一切視為理所當然。

丹尼不只有「萬年鐘」這個專題而已。和本書許多自造者一樣，丹尼也為人父（見圖9-2），我們在第二章已經介紹過丹尼的孩子，他

們也都是技藝純熟的自造者，這不令人意外，畢竟丹尼自己就是多產的發明家，除了設計出許多高科技裝置，也是平行運算（parallel computing）技術的先驅。丹尼的三個孩子都一樣謙卑有禮、飲水思源，跟父親如出一轍。

圖9-2 丹尼・西里斯、他的兩個孩子諾亞（Noah）與亞撒（Asa）在自製樹屋前合影（照片由亞撒・西里斯提供）。

像丹尼這樣把衣缽傳給後代，就像是為未來撒下種子。如果用本章一開始那樣的世界觀思考，連小孩也會預想世界正走向結局；然而丹尼撰文道(http://bit.ly/d-hillis)：「我不相信我們已經走到故事的結局，我確信，我們不是演化的最終產物，在人類之後，必然還有其他的東西問世，我相信一定是很美好的東西。不過，我們可能也永遠也無法理解就是了，就像毛毛蟲可能永遠也無法瞭解變成蝴蝶是怎麼回事一樣。」

採取行動

對未來保持希望並不容易，對了解事物製作方式的人來說更是如此，因此把唐恩・丹比（Dawn Danby）稱做「樂天派」可能不夠精確。她是位三十六歲的母親，同時也是Autodesk的資深「永續設計專案」經理，對於未來有不同於他人的看法，她看世界的觀點就和孩子

的雙眼一樣赤誠。身為一位設計者、教育者和一位母親，她總是為了自己相信的事執著向前。

唐恩小的時候總喜歡在戶外玩耍，總是夢想自己可以趕快「長到十二歲、擁有加拿大英屬哥倫比亞卡曼納華谷的風景海報、開始吃素、戴上反皮草胸章、並四處宣傳海豚保育」。高中的時候，唐恩接觸氣候變遷、核子反應爐、石油輸出國家組織政策等相關議題，那個時候，她以為這是每個高中生都有的常識，不過其實很少有青少年能接觸到類似的議題。後來她設法說服父母帶著她穿過伐木道路，看看牆上海報中還未受汙染的分水嶺。

自然景觀之美對唐恩產生了極大的影響；她四處旅遊、學習美術，最後前往羅德島設計學院就讀。那個時候她認為她會成為一位藝術家，不過故事的發展並非如此。有一次，老師給了她一塊20 × 30的紙板，她們的作業是將紙板摺成某個形體，而且不可以剩下任何紙材。這件事情已經過了將近二十年，她仍然記得那種「呆坐在宿舍、卡關的感覺。要完成這個作業，必須進行精確的三維空間思考，乍看之下根本是不可能的任務，我記得在思考的過程中，腦中的神經突觸好像都要燒壞了！」這次經驗對唐恩的影響非常深遠。唐恩表示，如果要選擇會帶給她「快樂」的職業，那麼她應該會成為畫家或歌手。但是她說「選擇產品設計這條路、這個工作時常讓我感到『憤怒』，因為在這個產業中，我們無時無刻都在製造垃圾。」唐恩很清楚產品設計這條路充滿挫折和矛盾，對她來說會是個很大的挑戰。儘管如此，唐恩認為自己可以在這個產業中做出不同的成果。「我認為這個產業中的對比和矛盾愈演愈烈，我們可以看到許多讓人眼睛一亮的綠能科技解決方案；但同時，更多的電子公司仍然與電池密不可分，使得整個生產系統更難以撼動。」童年回憶中的美麗森林與草地激起她長大後保護這片土地的動力，並開始反思這整個威脅土地的產業系統。

從羅德島設計學院畢業之後，唐恩先到了住宅系統功能最大化中心工作，後來又去做醫療概念視覺化的工作，將複雜的概念以視覺的方式呈現。現在唐恩的工作主要是與設計師與教育從業人員合作，創造出工具來教導工程師與建築師「環境永續經營」的精神，並將這樣的

精神付諸實踐。我曾經跟她聊到我的工作是教育下一代的自造者。她說她有些擔心我們的下一代對於這個星球的運作方式缺乏基本知識。因此她也定期與工程師碰面，和年輕工程師討論產品對環境造成的影響。從小唐恩就很關心人為環境跟自然環境的交互關係，所以她也很樂於與人分享相關的知識。

2013年唐恩的女兒瑪麗迪恩出生了，我問唐恩對於女兒即將面對的未來是否依然樂觀，她說：

> 「我女兒將生長在一個瘋狂的時代啊！我只知道一件事，就是他們這一代將會經歷的事情現在還是一個謎。我可以做的就是賦予她面對未知的能力，還有充實她的各類經驗、認識各種不同的人。我確信我提供給她的資訊都將過時，所以重點在於培養她以創意解決問題的能力。嗯，我對事情的發展是樂觀還是悲觀呢？我想生活沒有這麼單純，在某些地方我們肯定會看到獨具匠心的創見，但是也有些東西就像是走到盡頭了那樣不會再有進展，這一點我相信不管是現在還是未來都一樣。」

唐恩對於自然環境與物質世界的一切爛熟於胸，同時也對影響這兩者的社會因素非常了解。她在家教養瑪麗迪恩的時候，自然就融入了自造者精神（maker mentality）。她們住在舊金山近郊的奧克蘭，一個氣候正在轉變的地方。她們家是1855年蓋的，現在正在翻新，她們就在後院種一些吃的；除了養雞之外，也生產雞蛋和蔬菜。她認為這個社區最棒的地方在於鄰居彼此雞犬相聞，「人們在街上看到彼此都會互相打招呼」。另外唐恩也認為自造者運動是一個很棒的轉機。「我們可以看到龐大的系統之外小型的群體此起彼落，人們是為了自己的興趣和熱情做出他們想要的專題。我們希望下一代的孩子們面對生活中的問題有解決的自信，這樣不管是突然沒了電力或發生其他問題都能過活。」

「自己動手，就地取材」

莎拉・古羅丹姆（Sarah Grudem）和茉莉・布萊克（Molly Black，見圖9-3）這兩位自造者致力於解決身邊的環境問題，她們常常出現在美國明尼蘇達州明尼亞波利斯的Sassy Knitwear這間小店當中，這間小店有許多色彩繽紛奪目的衣服，全是用回收衣物做的。現在要找到便宜、大量生產、符合「流行」的衣服非常容易，但是這兩位女士想要用不同的方式來解決回收衣的問題。這一間公司之所以誕生，始自於茉莉憂心廢棄服裝處理的問題，但重點在於茉莉不只是擔心而已，而是決定創業、開始生產對環境造成衝擊較小的服裝。她不認為這是一種犧牲，也不覺得這麼做的代價高昂。對茉莉來說，這個商業模式才是正途：「這才是負責任的做法，老實說，其他選項根本不應存在，要嘛就是選擇環境永續的生產模式，不然就根本不該生產。」我認為這跟許多自造者的信念不謀而合，他們敢於實踐世界運行方式的另一種可能性。

自造者有一個共同的特色——他們願意自己找出適合的解決方式，不會陷於傳統問題解決方式的窠臼當中。

莎拉和茉莉從小各自在自造者家庭長大，她們雙方的父母是在一次的親子音樂課程相遇。後來這兩家人合作創辦了華德福學前教育（Waldorf preschool）機構。在這個環境當中，莎拉和茉莉從小就體會到自己製作、使用、修理的物品都來自他人的巧手。莎拉的祖母在1943年從普渡大學獲得家政學的學位，經過美國經濟大蕭條時期，她以身教讓兒孫明白，任何東西都可以「自己動手做」。這個概念深植於莎拉的心田，她認為「自給自足」、「不浪費資源」這些概念意味著極大的自由。莎拉幾乎是自學編織，還有許多其他的技能也是一樣，她的信念是：「善用手邊的素材，然後自己動手做。」

圖9-3 莎拉‧古羅丹姆、茉莉‧布萊克與克莉絲汀‧黛莫尼克，茉莉的母親
負責將頭髮燙捲，而莎拉和克莉絲汀的母親則負責製作他們的服裝（照片由
莎拉‧古羅丹姆提供）。

　　莎拉的父親是小學美術老師，對藝術充滿熱情。在莎拉與孿生姐妹
還不會講話的時候就開始教她們調色了！莎拉小時候家裡就有電視
機，不過五歲時，有一次因為鬧脾氣，父親氣到把電視機放到野餐桌
上，請茉莉和所有小孩來幫忙一起把電視拆了，並且再也沒有裝回去
（是啦，這和他們舊物利用的價值觀並不衝突，後來電視機的外殼
變成他們家聖誕卡合照的外框，如圖9-4，兩個小女孩「出現在電視
上」呢，頭上還有鴿子）。其實，許多工具都唾手可得，莎拉的父親
就曾經送一個自製玩具給她們玩，用舊的電路板做的，上面的電路設
計可以隨時更動。而在茉莉家，茉莉的母親則會負責修理各種東西，
還有她也曾經教過女兒要怎麼編織、油漆，還有蒔花弄草等等。

圖9-4 九歲的莎拉‧古羅丹姆在幫爸爸拆開的電視框裡（照片由安‧強森提供）。

　　一直到八年級，茉莉和莎拉都還是接受華德福式的教育，著重實作經驗與創意發想。此外她們也提到這種教育方式的特殊性，從一到八年級都是同一位老師教授課程，這位老師也成為她們的精神導師。

　　茉莉和莎拉都非常自信而有衝勁，她們開設的Sassy Knitwear也反映出她們敢於冒險的創業精神，對工作十足投入。無論是茉莉還是莎拉，她們都沒有受過商學或服裝設計的學院訓練，但她們仍然盡一切可能學習成長並保持生意無礙。當她們需要更多裁縫師傅的時候，會在附近招募新的夥伴，有些新進員工甚至是由她們自己訓練的！而如果需要不同顏色的布料，則會先進一些比較環保的布料源，然後以低汙染的方式染色。

　　Sassy Knitwear店鋪中繽紛的色彩（見圖9-5）任經過的人們不禁想要停下來逛逛、做一些不同風格衣服的混搭，不過不僅大人會有興趣，孩子們也會因為角落擺放的玩具而佇足。就在那兒，莎拉會親自用那些玩具來跟懷中的嬰孩遊戲。另外也許你也猜到了，在這兒孩子們可以學習自製玩具。莎拉四歲的孩子會幫媽媽選擇布料，茉莉八歲的兒子也非常熱愛編織，他會做東西給自己的姐妹和其他朋友，最近他還設計了一套自己的萬聖節服裝呢！這些孩子生長的家庭中就有著

「自己動手做」的傳統，而且不會閉門造車、願意融入社群。我相信，這些孩子一定也會與母親一樣是「樂天派」，相信事情唯一的解決之道就是選擇「對的方法」。

圖9-5 莎拉和茉莉慶祝Sassy Knitwear小店週年（照片由莎拉·古羅丹姆提供）。

　我總是對自造者的慷慨分享感到驚奇不已，他們總是願意為我花上許多時間，甚至跟我分享他們私密的生活細節。每次和這群朋友喝咖啡、打電話、Skype聊天，甚至在街上偶遇之後，我都像是全身充滿電那樣幹勁十足。這群人不但熱愛自己的所做所為，也熱愛路上同行的友伴。

　吉姆・亨森（Jim Henson）是《芝麻街》（Sesame Street）系列背後偶師，除了芝麻街之外，還有許多作品，是一位成果斐然的自造者）曾說：「我小時候就曾經立志，要使得這個世界更加美好，我希望能為此奉獻一己之力。」每當我與自造者們聊天的時候，都會一而再，再而三地聽到這樣的說法。他們每個人都以自己的方式在改造這個世界，不管是在身邊的人播下自造者精神的種子，或者設計新的工具、透過創意專題讓他人露出微笑等等，每一位都劍及履及地實踐這個價值。

「樂天精神」這個詞彙幾乎被濫用了，我們總是很快就能斷定某個人是個樂觀主義者或悲觀主義者，但是我總相信這兩者的界線並不像黑與白那樣純粹。樂觀主義者也會感到挫敗、對於世界的不公不義感到忿忿不平，或者在付出心血一陣子之後，覺得沮喪而束之高閣。不過重點在於「樂天派」的自造者不會讓自己停留在那樣的情緒當中，他們的心中有一股驅力使他們敢於向前、不斷嘗試、採取新的途徑或者尋求協助，他們知道自己的努力舉足輕重，他們的所作所為對世界有實質的影響。我認為不管是本書出現過或在其他地方嶄露頭角的自造者，都顯現他們「樂天派」的精神，就像吉姆‧亨森所說的，我們都有能力「透過一己之力讓世界變得更美好一些」。

第十章 自造者父母、老師、鄰居和朋友

蘇珊有兩個小孩，有一天他們跑來跟她要雪橇，而且要比鄰居的雪橇跑得還快才行。蘇珊並沒有當場拒絕這些要求，反而決定從雪橇的製作方式開始講起，最後他們就一起做了一副雪橇。從小蘇珊在數學和自然課的表現就非常亮眼，此外她也花了很多時間在爸爸的馬車行幫忙，找她一起製作雪橇簡直就是找對人了！在家裡蘇珊也是負責修理、製作東西的那個人，如果小朋友需要做什麼專題作業，她也會帶著孩子一起做。因此她的孩子也成為自造者就絲毫不足為奇了。蘇珊家沒有什麼現成的玩具，她們會自己動手做，比方說她們會自己製作風箏，還可以拿出去賣呢！蘇珊的孩子上中學之後，他們曾經一起製作活版印刷專題跟車床，後來跟母親一起製作雪橇的經驗大概派上了用場，他們就開始自己打造交通工具呢！

哈，你沒有猜錯，上一段說的就是飛機的發明人奧維爾‧萊特（Orville Wright）和威爾伯‧萊特（Wilbur Wright）（http://bit.ly/wright-bros）這對兄弟檔的故事。我的筆記型電腦上面貼滿了貼紙，我最喜歡的貼紙上是這樣寫的：「自造者老媽：發明之母。」我想，萊特兄弟的母親蘇珊‧萊特（Susan Wright）（http://bit.ly/susan_bros）就是最好的例證。談到童年故事，奧維爾‧萊特曾說：「我們很幸運，小時候身邊的大人都鼓勵我們追求知性的樂趣，只要對什麼產生好奇就去探索。如果沒有這樣的環境孕育，我們的好奇心很可能在開花結果之前就夭折了。」（http://bit.ly/wright-pdf）在和自造者聊天的過程當中，同樣的話我已經聽了許多遍。他們都對於小時候願意讓自由探索的人充滿感激。（http://bit.ly/kat_bros）這些自造者可能受到鄰居、父母、老師或朋友的鼓勵，依循他們的熱情或興趣發展。幾乎毫無例外，每一位自造者的生命故事當中都有那麼一個人，

在關鍵時刻給予自造者力量，讓他們願意繼續努力。在本章接下來的篇幅，我們就來聊聊這些故事。

分享你的熱情

不管你喜歡「動手做」什麼東西，別忘了一定要和孩子分享你的熱情。就算孩子的興趣與你不同，至少他們會在你身上看到「自己動手做」的喜悅和旺盛的求知慾。在訪談的過程中，我發現即使共處的時間不長，自造者都會清楚記得和家人、鄰居、父母一起做專題的點點滴滴。許多時候，我相信這些家人、鄰居或父母甚至不知道自己正在對某位自造者產生影響。比方說有一位自造者提到，他小時候曾經在遠處偷偷觀察隔壁鄰居在車庫裡做專題等等。當然如果直接受邀到工作室或車庫裡觀看或幫忙，那效果自然就更大了。

我去Sassy Knitwear拜訪莎拉・古羅丹姆（Sarah Grudem）和茉莉・布萊克（Molly Black，見第九章）的時候，發現她們的孩子自然而然就融入她們的編織生活。莎拉的孩子還是個嬰兒，安詳地睡在媽媽的嬰兒背帶上，莎拉就這樣一邊和我聊天，一邊在店裡做事。就在莎拉手邊不遠處，有一個籃子裡頭裝著小朋友的玩具，在她們店裡長大的小孩，無時無刻都可以看到媽媽的編織設計。比較大的孩子甚至已經開始動手幫忙了，他們會幫忙製作衣服，在那裡，「一起動手做」似乎是再平常不過的事了。莎拉和茉莉的孩子長大之後還會不會喜歡編織並不重要，重要的是孩子們從小耳濡目染，看見母親如何將構想付諸實現，變成一門源源不絕的生意啊！

唐恩・丹比（Dawn Danby，見第九章）這位永續產品設計專家也是一樣，不管是去鄰居那澆花還是照顧雞都會帶上女兒。女兒瑪麗迪恩就趴在媽媽的背帶上，從前面看過去可以看見她愜意的笑臉。瑪麗迪恩長大之後不知道還會不會記得這些時光，但是她一定會看到自己拜訪鄰居、餵雞、照料作物的照片（見圖10-1），而且瑪麗迪恩會知道母親覺得這些事情很重要，所以才會從小帶上她一起去做。

圖10-1 唐恩帶著女兒瑪麗迪恩逛社區花園（照片由唐恩·丹比提供）。

讓孩子跟著自己的感覺走

　　本書出現的自造者很少走上跟爸媽一樣的路，雖然許多人都提到親友或老師的鼓勵，但是他們最終都開創了自己的路。有時候自造者需要經過多年的奮鬥才能獲得家人的認可，孩子如果背離父母或社會的期待，那就要花費更多力氣才能證明自己。現在，當年的小小自造者也為人父母，他們也時常因為小孩與自己興趣不同而感到沮喪，有一位爸爸就曾經跟我說，他想要和孩子分享在地下室做的3D列印專題，但是孩子不大領情。

　　如果孩子跟你的志趣相投，要提供他們情感支持並不困難。但是如

果孩子的興趣和你大相逕庭，那就是真正的考驗了。以我自己為例，我喜歡編織、電子材料專題、寫程式、烘焙和木工，我女兒如果願意跟我一起做，我自然是非常開心。但是後來我大女兒迷上搜集動物骨骼、蟲屍和羽毛，我真的是努力克制自己叫她「去玩別的」。我從來沒有喜歡過蟲屍，女兒賽吉把臭味撲鼻的魚骨放到我辦公室的時候，我也實在開心不起來。好吧，我得承認魚骨構成的幾何形狀滿美的，但是我的研究是在接下來的好幾天都是臭魚味，對研究生跟同事都很不好意思。於是我吸了一口氣（因為滿屋子都是臭魚味，所以我是「輕輕地」吸了一口氣），就開始尋找其他人來分享女兒的新興趣，我發現我公公會把在田裡找到的動物骨骼和蜂窩送給女兒，然後我丈夫開始學鳥翅標本的保存方法，這是賽吉在學校遊戲場找到的。

我們無法決定孩子的興趣，但是我們可以決定孩子的生活經驗有多寬廣。更重要的是，我們可以鼓勵孩子去追尋他們自己的興趣和生命的熱情。

後退一步

我們時常聽到有家長太過操心，在孩子的作業或專題上「幫了太多忙」。有一次我走進某間大學的機具操作室，看到一位教授非常專注地在用車床處理一個零件，我稍微走近了一點仔細看，覺得那個零件好像跟機具室裡用到的設備沒有關係啊！於是我就問了：「請問你在做什麼呢？」那位教授有點不好意思的說，那是他小孩要去參加松木車大賽用的零件。他很希望孩子得到好成績，卻覺得孩子還需要一點「協助」才行，所以他自己把車子帶來實驗室「微調」。

這件事情我一直放在心上，後來我女兒賽吉四歲的時候，去參加 Nerdy Derby 比賽，要把作品帶去參加紐約的世界自造者嘉年華，Nerdy Derby 是傳統松木車比賽的變形，參賽者可以使用任何原料來製作賽車，只要車子能保持在跑道上不要迷路，基本上沒有其他比賽限制。於是我買了一個簡單的套件包，讓女兒自己組裝，並放上喜歡的裝飾。結果裝飾品愈加愈多，我必須壓抑自己才能不告訴她說裝飾品太重的話車子會跑不動。畢竟那是她的作品啊，不是我的專題，她

在輪子上裝了鈕扣、在車上灑了亮粉，那也是她的創意啊（見圖10-2）！在我看來這臺車一點也不美，更別提空氣動力學上的設計問題了，不過那又怎麼樣呢？這臺車之所以意義非凡，不就是因為從頭到尾都是她做的嗎？就算我幫她做了我能力範圍之內最厲害的賽車，那也沒什麼意思。最近賽吉和我會一起縫些東西。除非她問起，不然在選擇織料或圖騰的時候我都盡量保持沉默。我認為這類的決定應該由她來做，而不是我。這本書裡也有很多例子，像是珍·維爾納（Jane Werner）和蘇菲·克拉維茲（Sophi Kravitz）從小就大膽地設計屬於她們的風格，這使得她們人生接下來的路途上都充滿自信。最後當我看到賽吉選了最炫目的圖騰、最閃亮的緞帶來裝飾時，不禁露出微笑。

圖10-2 賽吉·湯瑪斯和她的Nerdy Derby賽車，攝於2012年的世界自造者嘉年華，那件洋裝的縫製過程中她也有幫忙。

每一位自造者都需要找到屬於自己的獨特嗓音，我們能做的就是適時「後退一步」，讓他們去發掘屬於自己的路吧！

安全和責任的重要性

在撰寫本書的過程當中，每完成一個故事，我都會寄給受訪者，確定我沒有誤解他們的意思，還有如果有些故事他們不想具名分享，我就會匿名處理。通常只要涉及危險事故，受訪者就不太想要具名，有些受訪者甚至要我直接把他們的故事排除在外。為什麼呢？如果受訪者說「請不要在故事裡使用我的名字」，有兩種可能，一種是「我爸媽不知道這件事」，一種是「我不想讓我的孩子知道這件事」。許多受訪者跟我分享了這一類危險的故事之後，立刻就打電話給爸媽，問爸媽「為什麼會讓他們小時候做這麼瘋狂的事情」？

對此，我們在第七章遇到的荷利・蓋茲曾經表達他的看法：

> 「從今天的角度來看，許多人大概會覺得我父母太粗枝大葉了，但是我覺得因此而獲益：我學會自立，不僅能自主安排時間，也樂於追尋自己的興趣。」

荷利的爸爸鮑伯則有不同的看法：

> 「我認為讓荷利自己去探索和嘗試，對他的人生會有幫助，如果我們過度保護他，他會失去許多學習的機會。比方說他有一次碰到暖爐、燙傷了手，但也正因為如此，他之後就不會再亂碰暖爐了，因為這次經驗，他對熱能和距離的關係有了切身的了解。我不認為這是『粗枝大葉』的教養方式啊。」

我認為這兩父子的對談很有意思，對於我們這些父母或老師來說是個很好的案例。到底什麼時候我們應該要介入？對於年輕的自造者來說，怎樣的風險叫做「太過」了呢？

另一位自造者則對父母的介入有深刻印象。約翰・愛德加・派克（John Edgar Park）是迪士尼卡通工作室的數位生產與科技經理。從小他就對「電流」和「爆炸」專題很感興趣，他父母也支持他玩這些專題，不過當然不可以太過份。七年級的時候，約翰說服他媽媽簽下支票，幫他買一些「材料」。貨到之後，爸爸發現約翰買的是一大堆

煙火，於是就當著約翰的面在浴室水槽把這些銷毀了，大量的火藥一夕之間就變成一灘爛泥。我就問約翰當下有什麼感受，他說：

> 「天啊，我當然能理解爸爸非常擔心我的安危，但經過本人多方考量，我決定要繼續弄來這些危險物品……當然，要偷偷來……還要注意安全，別讓爸爸擔心的事情成真：例如把自己的臉炸飛。老實說，我父親跟我說了很多他小時候差點因為玩耍而受傷的故事，就憑這一點，我覺得我應該能安全長大吧！」

約翰的父親當過 老師、學校行政人員、軍人，也曾經在海軍情報部門工作過，後來做了外交人員。小時候約翰就因此去過不少地方，中學的時候在巴基斯住過一年；約翰不久就發現，在巴基斯坦要買化學藥品來玩並不困難，不過他遇到一個問題，就是那裡的插座電壓是240伏特（美國是120），這個「小問題」讓他高中的時候有一次因為變壓器短路，被「炸飛」了幾英呎。老實說這還真的滿危險的，所以我不禁想知道，約翰怎麼看待自己的孩子能夠承擔的風險：

> 「『可接受的風險』非常難以定義，在現在的社會裡，讓孩子冒險好像就是家長的錯。我當然不希望他們受重傷，不能讓他們身首分離，但是我仍然希望他們有能力嘗試自己喜歡的事物。因此我還是會鼓勵他們使用焊鐵這類「危險」的工具（他們五歲和七歲的時候就曾經幫我焊了十幾個LED）。此外他們也曾經拿過利刃或者尖銳的工具。我的孩子現在面對新工具的時候會很慎重，但並不害怕，老實說我真是為他們感到驕傲。不過我還是得對他們的安全負責。有一次我發現他們跟我小時候一樣，在偷偷搞『爆炸』，我想我還是得對他們的權利有些管制才行。」

不過有時候狀況沒這麼危險。這讓我想起克里斯蒂・坎尼達（Christy Canida，見第四章）和她的女兒克兒薇黛（Corvidae），克兒薇黛才四歲，不但會做菜，還學會野外定向的技能。他們一家子都喜歡野外活動跟「動手做專題」，所以，克兒薇黛從小就開始學習風

險評估和量力而為。最重要的是,她總是跟在家人或其他有經驗的老師身邊學習,雖然在長大的過程中可能會受些小傷,但是她也會從中學會尊重工具,並且在使用的過程中保護自己。在我自己家也是一樣,我讓女兒很早就開始接觸真正的工具,不過在接觸任何工具之前(不管是縫紉機還是鐵鎚)我都會先教她怎麼使用,然後在旁邊陪著她一起做專題。

讓孩子把手、衣服、甚至房間都弄髒吧!

不管是玩耍還是學習,都很有可能把環境搞得一團糟。其實這也沒什麼大不了,不管是孩子還是房子,都可以清洗嘛!本書提到的許多故事都有一點「髒」,我記得有一位家長跟我說,他家小孩去上學之前,「很少穿衣服,而且身上總是沾著泥土和顏料」。其實許多大人也會玩這一類的遊戲,比方說參加火人祭[27]的人,身上也多少會有這一類的「裝飾」。

關於這一點,我們在第六章見到的威爾‧杜爾菲教授(就是媽媽讓他在房間裡放了大油筒,做望遠鏡專題的那一位)有他的看法:「各位爸爸媽媽,請讓孩子在房間裡製作自己的專題吧!就算焊接的錫把毯子燒出小洞又有什麼關係呢?」可能許多家長無法接受毯子被燒出一個洞,但是我認為大家不妨趁這個機會,想想自己的底限是什麼。以我家為例,我們家有個地下室,裡頭裝潢還沒有弄好,正因為如此,(幾乎)什麼事情都可能發生。我們會在裡面玩顏料、亮粉、焊接等等,通常就會把這個空間搞得一團糟。在「案件」告一段落之後,我和丈夫和兩個女兒會盡力「恢復現場」,但是如果有什麼油漆沾到地板上清不掉,我們也不會因此就不玩了。身為自造者,必須要尊重手邊的工具和周遭的環境,這從小就可以開始學了。在玩樂的過程當中,孩子會逐漸了解什麼地方可以弄髒弄亂、什麼場合不適合這麼做,知道分野之後,「動手做專題」就會更加輕鬆愉快了。

在經過某一次「失控」的繪畫專題之後,我女兒幾乎有一個禮拜身

27　Burning Man,於美國內華達州舉辦的祭典,會燃燒大型的木製人偶、鼓勵自我表現。

上染了一大片綠色。那時候我的確有點不高興，不過最後她還是回到「正常」的顏色了，而且對於繪畫的熱情絲毫沒有減退，更棒的是，我們家又多了一個故事，還有一些好笑的照片供日後回憶。那個顏料沒有毒性，女兒又玩得很開心，所以其實好像也沒什麼大不了的。我並不是要建議其他小孩幫自己染色，只是對我來說，這次事件是個很好的學習機會，許多事情並沒有那麼絕對，雖然事後要清理，但是得到一個放膽玩樂的探索機會又有什麼不好呢？就算看起來有點蠢也沒關係啊！

你不必全知全能

要鼓勵年幼的自造者去探索這個世界，本身不需要全知全能。不管是什麼專題，都不可能有老師或家長對每一項細節都非常熟悉。自造者在製作專題的時候，自然會找到需要的「專家」來幫助自己度過難關。以我自身而言，我就遇到很多家長和老師，雖然自己不見得專精於某個領域，但是他們願意幫忙孩子找到「專家」，請這些「專家」來帶領孩子繼續前進。

最近，有一次我要去演講，在飛機上看臉書（Facebook）頁面時，恰巧看到我的朋友艾瑞克最近分享的訊息：

> 「親愛的爸爸： 謝謝你在十一歲的時候買給我Stacker
> 軟體，我知道你其實搞不太懂那是什麼玩意，但是我確定
> 在那個年代，花上100美元給孩子買聖誕禮物是件不得了的
> 大事。我也可以理解，當你知道我不小心把資料刪除、清
> 空那『100MB』的電腦容量時有多生氣（雖然你沒有表現
> 出來），因為，你半年的工作成果都被我刪掉了啊。」

我跟艾瑞克的爸爸一樣，也搞不太懂Stacker程式是什麼，於是艾瑞克就解釋給我聽：「在那個時候，電腦硬碟空間都很小（我們家的好像才106MB），但是我們可以使用這類的『硬碟壓縮』程式掛接到 DOS（我的天啊，DOS）[28]上，在傳輸過程中壓縮和解壓縮檔案，

28　DOS作業系統在1980至1990年代較盛行，後漸漸為Windows取代。

這當然會讓電腦跑得慢一點；話說回來，我想那個時候什麼都很慢，所以也不差這一點吧？重點是會多出100MB（那個時候壓縮檔案的平均比例是 2x），那個程式的原理是這樣的：新增一個『假的』D槽，透過原本的作業系統來存放壓縮的檔案，問題是，DOS的功能還很原始，這麼做等於是在違章建築上加蓋。然後再加上像我這種笨小孩，搞不懂壓縮容量的意義，結果就毀了！」

這篇文章的分享者是艾瑞克‧強納斯（Eric Jonas），他是位工程師、科學家，也是「先備知識」（Prior Knowledge）的共同創辦人，這間公司主要在開發預測資料庫，在被Salesforce併購之前，募到了超過一百萬美元的種子基金（seed funding）我是在麻省理工學院認識艾瑞克的，那個時候他大一，跟我住在同一棟宿舍。雖然我是學姐，但是如果遇到C語言的程式問題，或是搞不懂線路要怎麼接，我就會去問他。大一才開始沒多久，他就佔據了半間新生宿舍，弄了一個電子實驗室，每次都為了焊接線路搞到大半夜。艾瑞克的父親來得及看到他從麻省理工畢業，但在艾瑞克創設 Prior Knowledge 和獲得博士學位之前就過世了，這篇文章是艾瑞克在父親過世多年之後才發的。這樣的例子有很多，即使父母搞不太懂孩子在做什麼，還是可以用各種各樣的方式支持孩子探索自己的興趣，比方說存錢買給孩子想要的軟體，或者克制自己在發現資料都毀損之後不要生氣等等，這些都給艾瑞克很棒的支持環境，並且在可能的範圍之內給予艾瑞克協助。

艾瑞克的故事告訴我們，我們真的不需要全知全能，我們可以告訴孩子或學生：「呃，我不知道那個要怎麼做。」

重點是，說完這句話之後，要怎麼抹去未知的不定感呢？很簡單，就接著說：「讓我們試著搞清楚要怎麼弄吧！」然後去一趟圖書館、自造者空間或者鄰居家串門子，也許上網看看專題網站就可以找到答案了！

如果可以跟小小自造者一起學習某項新的東西那就更棒了！我們剛剛才提到的自造者約翰‧愛德加‧派克（John Edgar Park，就是買了一大堆煙火結果被爸爸銷毀的那一位）就常常跟兩個孩子一起做專題。最近他就和女兒一起上了縫紉課（見圖10-3與10-4），老實說看

這對父女一起在家練習還滿有趣的。和孩子一起上課也是一種身教，大人在過程中正好可以展現「活到老、學到老」的精神，還有我們都不是全知全能，所以更能謙卑學習，不是嗎？

圖10-3 約翰・愛德加・派克和女兒碧雅在縫紉課上做的包包（照片由者約翰・愛德加・派克提供）。

圖10-4 約翰和碧雅一起在家做專題（照片由約翰・愛德加・派克提供）。

好了，開始「動手做」吧！

現在，最簡單的部分要來了！要培養出小小自造者，最直接的方式就是捲起衣袖，開始「動手做」專題吧！釘一張椅子、做一個LED燈籠、拿起畫筆、烤個派都可以是個「專題」。所以，開工吧！如果可以，能嘗試自己以前從來沒有試過的東西就更棒了！所謂自造者，除了「實際動手做」之外，融入社群、跟同好分享製作的方法和過程的喜悅也很重要喔！最後的成品反而沒有那麼要緊了。所以試著找到一群同好，如果身邊沒有類似的社群，就登高一呼，自己創立一個吧！如果你跟我一樣相信，我們都是天生的自造者，那麼找到同好應該很容易吧？我們身邊都有許多寶，可能是老師、可能是環境，好好利用自己身邊的資源，享受「自己動手做」的自造者生活吧！

附錄　本書自造者群像

克里斯・安德森（**Chris Anderson**）是3D Robotics（航空機器人公司）執行長，同時也是DIY Drones（自造飛行器）的創辦人，在此之前曾擔任《連線雜誌》（Wired）總編輯。他學生時代學的是物理，並曾經在美國洛斯阿拉莫斯（Los Alamos）做過研究。他曾經被學校開除，因此他也曾經在華盛頓特區（Washington, D.C.）送過信，還玩了一會龐克搖滾樂團。

茉莉・布萊克（**Molly Black**）現在和先生、兩個孩子住在美國明尼蘇達州明尼亞波利斯，是 Sassy Knitwear的老闆之一，他們的店主打有機、永續經營的織品。大部分的時候她都會在店裡現場編織，孩子也時常在旁邊幫忙。不在Sassy Knitwear工作時，茉莉喜歡和孩子一起嘗試新食譜、蒔花弄草、閱讀和跳舞。

奇普・布萊德弗德（**Kipp Bradford**）身兼企業家、科技顧問和教育從業人員，對於「動手做東西」充滿熱情。他曾經創辦生產運輸、日用品、 空調與通風設備、醫療器材等等的公司，手上握有多項自己發明的專利設計，他還將比較有趣的專題做成奇普套件來賣。此外，他也在社區的街頭樂儀旗隊敲鐵琴，還有他還是個半專業的公路單車手呢！

莉亞・畢克立（**Leah Buechley**）身兼設計師、工程師、藝術家和教育家，致力於探索「高」「低」科技、「新」「舊」材料、「男」「女」手作傳統的互動與錯置。此外，她也開發了像LilyPad Arduino套件包這類的工具，幫助人們自主創作科技專輯。目前她是美國麻省理工學院副教授，同時也是「高」「低」科技研究團隊負責人，

她的作品曾在英國倫敦維多利亞與艾伯特博物館（Victoria and Albert Museum）、奧地利林茲電子藝術節（Ars Electronica Festival）和美國舊金山探索館（Exploratorium）展出。

克里斯蒂·坎尼達（**Christy Canida**）是Instructables網站的資深合作經理（Senior Manager of Parterships）。在此之前，她在麻省理工學院獲得生物學學士頭銜，此後她曾在生物科技業界服務，也曾在學術研究的實驗室工作；另外她也在水族館工作過。克里斯蒂非常喜歡烹飪，她自己就曾在Instructables網站上貼了許多食譜，像是低溫烹煮雞腿排、培根螺旋棒等等。

茱蒂·艾姆·卡斯楚（**Judy Aime'Castro**）這輩子都在埋頭「動手做專題」，不管別人是否理解這份興趣，她都持續不懈。她結合自身的知識、技術、和興趣，創辦了 Teach Me To Make（「教我動手做」，為一藝術與科技教育推廣計畫），以及Aime'Designs，這是一間客製化專題工作坊，主打軟體設計。她曾參與好幾個灣區的自造者工作室的專題共同製作，亦為美國舊金山探索館（Exploratorium）的駐館動手做玩家（Tinkerer in Residence），並舉辦Arduino相關的地方性活動。

唐恩·丹比（**Dawn Danby**）跨足不同領域的永續設計，致力於用人類的巧思除去對環境的傷害，近期則在尋找方法鼓勵自造者發揮創意來解決地球面臨的各種問題。她創立了歐特克軟體公司的永續性工作坊（Autodesk Sustainability Workshop），教導年輕工程師、設計師和建築師永續設計的原則和實作方法。唐恩近期也慢慢地在進行住宅改造，希望把她130年歷史的房子變成不消耗能源的零碳建築（net-zero building，指年度能量消耗等於自身或別處產出的再生能源，即淨能量消耗為零）。

琳賽·戴蒙德（**Lindsay Diamond**）在美國佛羅里達州（Florida）的薩拉索塔（Sarasota）出生長大，並在佛羅里達大學拿到生物醫療科學博士學位。她對體感學習（Kinesthetic learning）和「玩耍教

育」非常有熱誠，目前在SparkFun擔任教育部門的負責人，帶著一群老師和工程師一同打造適合各年齡層的學習輔助工具。她二十七歲的時候，為了學習縫紉，就縫了很多亮粉紅色的聖誕襪，上面有骷髏頭和交叉人骨的裝飾，結果銷路滿好的！

威爾·杜爾菲（Will Durfee）目前是明尼蘇達大學機械工程學教授兼設計教育學程主任。從哈佛大學畢業之後，威爾到麻省理工學院攻讀研究所學位。目前他的研究興趣主要是醫療器材、復健科技、產品設計與設計教育等等。直到今天，他家地下室的自造者工作室還充滿了電子零件專題的鋸屑，這讓他著實有點困擾。

蕾諾·艾德曼（Lenore Edman）和丈夫溫多·奧斯蓋（Windell H.Oskay）一同創辦了邪惡瘋狂科學實驗室（Evil Mad Scientist Laboratories，一間小型電子玩具商店）。此外他們兩人也經營部落格，不時會上傳藝術、電子、食物、設計或其他讓他們覺得有興趣的文章。蕾諾的寫字桌曾像詩人或小說家一樣充滿文字創作，不過現在她的辦公室已經被機器人淹沒了。

伍迪·傅勞兒絲（Woodie Flowers）生於美國路易斯安那州的傑納市，在路易斯安那理工大學獲得學士學位之後，到麻省理工學院攻讀理學碩士、工程碩士與博士學位。後來他開始於麻省理工學院機械工程學系任教。伍迪對教育充滿熱誠，曾經創辦FIRST機器人大賽（FIRST Robotics Competition），此外他也是美國國家工程學會（National Academy of Engineers），還曾擔任「美國科學前線」（Scientific American Frontiers）科普節目主持人。伍迪熱愛各式各樣的工具，有一次他決定試著列出自己到底擁有幾種馬達，結果數到一百七十種的時候覺得數到煩了，就決定放棄！

荷利·蓋茲（Holly Gates）是1366科技公司（1366 Technologies, Inc.）的共同創辦人，目前也是該公司的光電工程師。在此之前，荷莉曾任職於E Ink公司和美國麻省理工學院媒體實驗室（MIT Media Lab）。不在實驗室的時候，她喜歡設計服裝圖案形式、準備食物、

做罐頭和修整舊機（restoring old machinery）等等，在荷利的部落格 Tooling Up（捲起衣袖）（http://tooling-up.blogspot.com）可以看到她的這些冒險故事！

布萊德禮・高斯洛普（Bradley Gawthrop）是一位管風琴匠，同時他也喜歡攝影、騎單車、寫作、電子零件、安全議題、文字排版、印刷、烹飪和歷史。他和太太同住（不過他覺得太座實在是不同層次的人物），家裡養了許多貓，這些貓兒對布萊德禮的科技和學術貢獻興趣缺缺，倒是很喜歡主人吃剩的食物和抓耳朵！

莎拉・古羅丹姆（Sarah Grudem）現在和先生、兩個孩子住在明尼蘇達州的明尼亞波利斯。她也是Sassy Knitwear的老闆之一，他們的店主打有機、永續經營的織品。她定期演奏古典豎琴，有時跟樂團一起表演；當過婚禮歌手，還參加州立的交響樂團等等。空閒的時間就拿來做拼布棉被、編織、烘培、看書或園藝。莎拉和雙胞胎姐妹克莉絲汀以及Sassy Knitwear的另一位老闆茉莉・布萊克（Molly Black）是從三歲就認識的好友。

亞撒・西里斯（Asa Hillis）在南加州的一個小農場長大，有一個雙胞胎兄弟和一個妹妹。從很小的時候開始，他就喜歡「動手做」專題，或者把東西拆解開來。這個興趣到中學的時候都沒有停止。目前他在加州藝術學院攻讀家具設計學位，將這樣的「手做」熱情投入學業。畢業之後，他希望跟雙胞胎兄弟諾亞合作打造手工客製化家具，與量產的家具做出區隔。

丹尼・西里斯（Danny Hillis）是一位發明家、科學家、作家及工程師。他是Applied Minds公司的共同創辦人。Applied Minds為各種不同領域研發、設計、創作、發想高科技產品與服務。丹尼曾任華特迪士尼夢想工程研發部的副總裁及迪士尼研究員。他亦是 Thinking Machines Corp的共同創辦人、今日永恆協會（The Long Now Foundation）的共同主席、南加州大學醫學工程學教授、南加大維特比工程學院工程學兼任教授。今日永恆協會的萬年鐘也是出自丹尼之手。

印蒂雅・西里斯（India Hillis）在南加州的一個小農場長大，有一對雙胞胎哥哥。 她目前就讀於美國加州巴沙狄那藝術中心設計學院產品設計學系，在此之前，她曾在英國倫敦中央聖馬汀藝術設計學院讀過書。

諾亞・西里斯（Noah Hillis）在南加州的一個小農場長大，有一個雙胞胎兄弟和一個妹妹。目前他在加州藝術學院攻讀家具設計學位。在閒暇的時間裡，他的興趣是修復古董旅遊拖車。

史帝夫・荷弗（Steve Hoefer）美國愛荷華州北部出生長大，農村孩子學什麼都是從「動手做」開始，這也影響了史帝夫後半生。史帝夫做過法庭動畫師、養蜂人、電動遊戲設計師、烘焙師和英文老師。目前史帝夫主要從事寫作與技術人員工作。有空的時候，他喜歡研究老專利技術，有時候夢想著當太空人。即使東西沒有壞，也想要拆開來看看！

許咪咪（Mimi Hui）身兼設計師與工程師，童年在美國紐約市與澳門度過。她是 Canal Mercer Designs公司的創辦人，她們的主要工作是提供新創公司或現存公司的顧客介面與其他設計的建議。咪咪畢業於壬色列理工學院電子計算機系統工程學系，隨後取得布魯內爾大學創新、設計思考與工業設計碩士。咪咪也是NYC Resistor駭客空間的成員，她曾經做過許多奇妙的專題；例如用JELL-O（一種果凍）做了一臺電子琴！此外咪咪希望能學會多種語言，每天都會一大早爬起來念外語呢！

傑佛瑞・傑克歐（Jeffrey Jalkio）在聖湯瑪斯大學擔任工程與物理學副教授。在讀研究所的時候，他和朋友共同創辦了CyberOptics公司，專門生產非接觸式度量系統。目前他的研究興趣主要是量測的不確定性與其解決方式。在空閒時間裡，傑佛瑞喜歡練太極、閱讀，或者在明尼亞波利斯和聖保羅（兩市合稱「雙子城」，the Twin Cities）參與舞臺劇演出。

史帝夫・傑夫寧（Steve Jevning）是「李奧納多的地下室」（Leonardo's Basement）青少年自造者空間創辦人，五歲的時候就曾用倒下的榆樹做出一臺飛機！他把樹稍微修剪了一下，上方的枝幹做成兩人駕駛艙，上面釘上四呎長2 × 4的螺旋槳！前年夏天，他帶著一群青少年，做出二分之一大小Beechcraft公司出產的King Air固定翼飛機。你懂的，飛行是許多人的夢想！

艾瑞克・強納斯（Eric Jonas）是科學家、工程師及創業家，喜歡結合電子工程、機器學習和神經生物學，做出特殊的產品。他擁有麻省理工學院的神經科學博士學位、腦與認知科學學士學位、電子工程與計算機科學的學士和碩士學位。他是Prior Knowledge, Inc.的創辦人兼執行長，也是 Salesforce.com的首席預測專家。艾瑞克生長於愛達荷州波夕市。

狄恩・卡門（Dean Kamen）是DEKA研發公司的創辦人與現任總裁。截至目前為止，他們開發了HomeChoiceTM 攜帶式洗腎機、iBOTTM 行動系統、賽格威個人載具、DARPA（Defense Advanced Research Projects Agency，美國國防高等研究計劃署）贊助的機器手臂、改良版史特林引擎和彈弓、攜帶型淨水器等等。卡門奮鬥多年，獲獎無數。曾獲得2000年美國國家技術與創新獎章、2002年勒梅爾森-麻省理工學院終身成就獎，並於1997年獲選美國國家工程學院院士、2005年獲選入美國發明家名人堂。此外讓卡門最傲人的成就之一就是創辦 FIRST組織，這個組織旨在鼓勵年輕人了解、使用科技並樂在其中。

大衛・凱利（David Kelley）是IDEO國際設計師事務所創辦人、現任設計總監。此外，他還創辦了史丹佛大學哈索・普拉特納設計學院。凱利在史丹佛大學獲得機械工程領域唐納德・維提爾名譽教授（Donald W. Whittier Professor）的頭銜，在以人為本的設計方法學、創新文化和「設計式思考」教育（design-thinking education）等領域尤其影響深遠。凱利曾獲選為美國國家工程學院（National Academy of Engineering）院士，另外他還曾獲得美國達特茅斯學院的羅伯

特·弗萊契獎、愛迪生成就獎、克萊斯勒傑出設計獎、美國史密森尼學會轄下庫珀·休伊特國立設計博物館頒發的美國國家設計獎、獲得英國米夏·布萊克爵士獎章「設計教育特殊貢獻」等殊榮。

尼克·克考納斯（Nick Kokonas）是Alinea創辦人之一，也是餐廳實際擁有者。此外他也是Next: 餐廳的Aviary bar（鳥舍酒吧）老闆。他率先使用餐票制，並開餐飲業可變定價之先河。尼克畢業於柯蓋德大學（Colgate University）哲學系，在與大廚格蘭特·阿卡茲合夥開設Alinea餐廳之前，尼克先是當了一陣子金融衍生產品交易員，也創立過一間貿易公司。

蘇菲·克拉維茲（Sophi Kravitz）從小就喜歡「自己動手做」，她受過工程師的專業訓練，不過第一份工作是在做電影特效道具，她的作品可能在電影院或電視臺上看到。在工作的過程中，她發現她的作品輕易地就能讓觀眾感到滿足，這讓她充滿成就感！最近蘇菲開了一間顧問公司，幫助客戶解決電子材料、問題發想與研究與系統設計等問題。除了設計電子零件與機器外，蘇菲還曾經做過六個婚禮蛋糕喔！

艾莉森·雷諾德（Allison Leonard）的專業是設計韌體和硬體，於MakerBot Industries（自造機器人公司）擔任工程師。她在奧勒岡州長大，在戶外活動中度過童年。艾莉森很喜歡拆解機器來一探究竟，並且把過程記錄在Machines Project 網站上（http://machinesproject.com/）。

路克·梅蘭德（Luc Mayrand）曾在美國、日本、英國、法國與韓國做過主題樂園、電影、電視、遊戲等專案。剛開始他的工作是創意總監與概念設計者，曾與獨立片商合作，也有幫環球影業、三星影業、派拉蒙樂園、Herschend家庭樂園、索尼、三麗鷗、三星等公司做專案。路克從1998年起擔任華特迪士尼夢想工程師執行創意總監，並擔任多項電子票券（E-ticket）與目前正在進行的藍天專案（Blue Sky）展演製作人。過去六年來，路克擔任中國上海迪士尼樂園的創設核心領導幹部。題外話，他的偶像是鮑伯·莫函尼，是法國作家

亨利‧維漢納（Henri Verne）筆下的終極冒險英雄，路克可是買了一百五十本亨利的小說呢！

保羅‧麥吉爾（Paul McGill）是加州蒙特利灣水族館（Monterey Bay Aquarium Research Institute、簡稱MBARI）的電機工程師，他的主要工作是設計海洋研究用的機器設備。他曾經到過南極洲，在北極點方圓1500公里遊蕩，並下潛4,300公尺抵達海底。高中畢業之後，保羅曾擔任空軍，並在修理F-15戰鬥機的時候學到很多電工技術，後來在史丹佛大學拿了電子機械學位。

亞門‧米爾納（Amon Millner）曾任富蘭克林歐林工程學院計算創新領域客座助教，他的研究興趣是用物質世界的指標來測量人類幸福感，並將這些數據應用在電腦程式中。同時，他也是Scratch程式語言開發團隊的一員。亞門畢業於南加州大學資訊工程學系，取得喬治亞理工學院人機互動碩士學位之後，又在麻省理工學院取得媒體藝術與科學博士學位。亞門有一項光榮紀錄，就是買了只能倒著開的一臺老爺車，結果他東弄西弄就把車子修好了，把家人逗得很樂！

約翰‧愛德加‧派克（John Edgar Park）是自造者、動畫製作者、技術與美術疑難排解顧問、電視節目主持人、作家、獵奇的電子機器製作者、樂觀主義者、丈夫、兩個孩子的爸。他也是迪士尼卡通工作室的數位生產與科技經理，影片後製特效監製與科技研發，參與的作品包括迪士尼的《飛機總動員：打火英雄》（Planes, Planes: Fire & Rescue）和《迪士尼奇妙仙子特輯》（Disney Fairies）。他還主持了美國全國性電視節目〈Make: Television〉，並於許多自造者嘉年華公開演說。在《Make:》雜誌、《Boing Boing》的〈Cool Tools〉（酷工具）專欄，以及許多網路和平面媒體都能看到他的文章，也是《Understanding 3D Animation Using Maya》一書作者。約翰還有個熱衷的嗜好，就是咖啡——不管是烘豆、煮咖啡、製作、享用，樣樣都來。其他嗜好還有機器人、各種工具、人聲打擊、跟別人分享自畫像，以及一些公認怪怪的人體特技。

麗莎·雷加拉（Lisa Regalla）是自造者教育計畫的代理執行長，在加入自造者教育團隊之前，她曾擔任美國明尼蘇達州雙城公視科學內容與推廣經理，負責該臺的教育節目、講座、出版品、數位內容等等，這些都屬於曾獲艾美獎的電視節目SciGirls（女孩科學家）和DragonflyTV: Nano的一環。麗莎也曾在波士頓的科學博物館和賓州的達文西科學中心擔任教育員。她有化學和劇場的雙學士學位，後來得到佛羅里達大學化學博士學位。在閒暇時她經常參與專為白血病防治基金會募款的長跑團隊Team in Training舉辦的馬拉松，為募款活動盡一份心力。

米契·瑞斯尼克（Mitch Resnick）是麻省理工學院媒體實驗室學習研究教授，他致力於開發新的科技與各種活動，鼓勵人們（尤其是孩子）接觸更多創意學習的經驗。他帶領的終生幼兒園團隊開發出LEGO Mindstorms機器人套件包與Scratch程式軟體，這些作品都廣為世界各地的小朋友所用。另外還創辦了「電腦俱樂部」計畫，在世界各地超過一百個地方設立據點，讓中低收入的孩子學習用新科技來進行創作。瑞斯尼克在美國普林斯頓大學獲得物理學士學位之後，到麻省理工學院攻讀資訊科學的碩士與博士學位。2011年他因為多年努力獲頒麥格羅教育獎。

露絲·李瓦斯（Luz Rivas）一開始在摩托羅拉做電路設計工程師，主要的工作是幫汽車設計定位與導航系統。露絲也涉足教育界，她在加州理工學院開發許多課程，希望能幫助理工弱勢族群。同時她也擔任Iridescent的負責人，這個專案旨在提供工程師教小孩所需的訓練。2011年露絲創辦了 DIY Girls。露絲畢業於麻省理工學院電機工程學系，隨後在哈佛大學取得科技教育學碩士學位。

艾瑞克·羅森巴姆（Eric Rosenbaum）是麻省理工學院媒體實驗室終生幼兒園團隊的博士班學生。在這個團隊當中，艾瑞克和其他的成員們一起努力推展人們想像力的邊界。艾瑞克的工作主要是發展創意學習的新科技產品。另外，他也積極地鼓勵其他人製造噪音、自創桌上遊戲並放懷玩耍。他以前讀的是心理學與教育科技，不過他還會吹長號喔！

納森·賽道（Nathan Seidle）是SparkFun 電子公司的創辦人與現任執行長，這間公司是從他大學宿舍房間裡開始的！納森在開源硬體社群（open hardware community）中非常活躍，也是開源硬體協會理事。

　　蘿克兒·維雷茲（Raquel Vélez）目前是npm公司（npm, Inc.，位於美國加州奧克蘭）的資深工程師。她畢業於加州理工學院機械工程學系，在不同單位擔任機器人學家長達8年（包括美國航太總署的噴射推進實驗室、德國杜伊斯堡-埃森大學、麻省理工學院的林肯實驗室、義大利熱那亞大學和Applied Minds公司等）。蘿克兒會五種語言，並且相信笑聲和巧克力可以治癒一切，她希望可以透過機器人，讓人們愛上寫程式和數學！

　　珍·維爾納（Jane Werner）是匹茲堡兒童博物館執行長，就讀紐約雪城大學時主修聯覺藝術教育。曾從事策展、影像編輯、募款、婚紗編織、農舍重建等。

Making Makers：讓孩子從小愛上動手做
Making Makers: Kids, Tools, and the Future of Innovation

作　　者	安瑪莉・湯瑪斯（AnnMarie Thomas）
譯　　者	潘榮美
系列主編	井楷涵
執行編輯	Emmy
行銷企劃	李思萱
版面構成	張凱翔

出　　版	泰電電業股份有限公司
地　　址	臺北市中正區博愛路76號8樓
電　　話	(02)2381-1180
傳　　真	(02)2314-3621
劃撥帳號	1942-3543 泰電電業股份有限公司
網　　站	www.fullon.com.tw

總 經 銷	時報文化出版企業股份有限公司
電　　話	(02)2306-6842
地　　址	桃園縣龜山鄉萬壽路二段351號
印　　刷	普林特斯資訊股份有限公司

I S B N　978-986-405-029-1
2016年8月初版一刷　　定價300元

國家圖書館出版品預行編目(CIP)資料

Making Makers：讓孩子從小愛上動手做 / 安瑪
莉・湯瑪斯（AnnMarie Thomas）著；潘榮美譯.
-- 初版. -- 臺北市：泰電電業, 2016.08　面；
公分
譯自：Making Makers
ISBN 978-986-405-029-1(平裝)
1.發明 2.創造性思考 3.兒童教育
440.6　　　105012776

Make:
超簡單
機器人動手做

Making Simple Robots:
Explore Cutting-Edge Robotics
With Everyday Stuff

**在《超簡單機器人動手做》當中，
我們會一同打造：**

- ▶紙質致動裝置 機器人
- ▶可壓縮式張力整合機器人
- ▶「輪足」機器人Wheg
- ▶集體行動的滑行震動機器人
- ▶超級太陽能震動BEAM機器人
- ▶littleBits繪圖儀，用麥克筆當畫家
- ▶用Arduino做電子織品機器人FiberBot

**任何人都可以做出機器人、
任何東西都可以做成機器人喔！**

馥林文化 即將出版

100台北市博愛路76號6樓

泰電電業股份有限公司

馥林文化

Making Makers：讓孩子從小愛上動手做

感謝您購買本書，請將回函卡填好寄回（免附回郵），即可不定期收到最新出版資訊及優惠通知

1. 姓名

2. 生日　　　　年　　　　月　　　　日

3. 性別　　○男　○女

4. E-mail

5. 職業　　○製造業　○銷售業　○金融業　○資訊業　　○學生
　　　　　○大眾傳播　○服務業　○軍警○公務員　○教職　○其他

6. 您從何處得知本書消息？
　　○實體書店文宣立牌：○金石堂　○誠品　○其他
　　○網路活動　○報章雜誌　○試讀本　○文宣品　○廣播電視　○親友推薦
　　○《双河彎》雜誌　○公車廣告　○其他

7. 購書方式
　　實體書店：○金石堂　○誠品　○PAGEONE　○墊腳石　○FNAC　○其他_____
　　網路書店：○金石堂　○誠品　○博客來　○其他_____
　　　　　　　○傳真訂購　○郵政劃撥　○其他_____

8. 您對本書的評價　（請填代號1.非常滿意　2.滿意　3.普通　4.再改進）
　　書名___　封面設計___　版面編排___　內容___　文／譯筆___　價格___

9. 您對馥林文化出版的書籍　　○經常購買　○視主題或作者選購　○初次購買

10. 您對我們的建議

馥林文化官網www.fullon.com.tw
服務專線（02）2381-1180轉391